21 世纪普通高等教育基础课规划教材

大学物理学习指导与题解

主　编　申兵辉　王家慧
参　编　金仲辉　祁　铮

机 械 工 业 出 版 社

本书是为金仲辉教授等主编的《大学基础物理学》而编写的学习指导与习题解答. 本书在简要介绍每章重点内容的基础上，特别对每章的难点进行分析，并对每个习题提供了一种参考解法. 作为一本学习大学物理学的辅助教材，本书旨在帮助读者在掌握相关物理知识和规律的基础上，克服他们解题过程中遇到的困难，从而有效地学习大学物理学的概念和原理. 对于解题过程，本书尽量做到简明扼要.

本书可作为高等院校理、工、农、医各专业学生学习大学物理学的辅助教材，也可供相关读者自学之用.

图书在版编目（CIP）数据

大学物理学习指导与题解/申兵辉，王家慧主编. —北京：机械工业出版社，2011.9（2016.8重印）

21世纪普通高等教育基础课规划教材

ISBN 978-7-111-36035-3

Ⅰ.①大…　Ⅱ.①申…②王…　Ⅲ.①物理学-高等学校-教学参考资料　Ⅳ.①04

中国版本图书馆CIP数据核字（2011）第201553号

机械工业出版社（北京市百万庄大街22号　邮政编码100037）

策划编辑：李永联　责任编辑：李永联

版式设计：霍永明　责任校对：陈秀丽

封面设计：马精明　责任印制：常天培

北京京丰印刷厂印刷

2016年8月第1版·第3次印刷

169mm×239mm·9.5印张·172千字

标准书号：ISBN 978-7-111-36035-3

定价：19.00元

凡购本书，如有缺页、倒页、脱页，由本社发行部调换

电话服务	网络服务
服务咨询热线：010-88379833	机 工 官 网：www.cmpbook.com
读者购书热线：010-88379649	机 工 官 博：weibo.com/cmp1952
	教育服务网：www.cmpedu.com
封面无防伪标均为盗版	金 书 网：www.golden-book.com

前　　言

物理学是研究物质的基本结构、基本相互作用及运动规律的科学．其研究对象从基本粒子到宇宙天体，在时间和空间上的跨度很大．学习物理是培养和提高人的观察能力、思维能力和创新能力等素质的有效方法．大学物理学是高等院校的一门重要基础理论课．要学好物理学，首先应该认真阅读教材，透彻理解物理学的基本概念、规律和方法，掌握物理学原理、定律和定理的含义及其适用范围和条件，并在学习过程中做一定量的习题．然而，许多人在解题过程中常常遇到这样或那样的困难，甚至感到无从下手．基于这样的考虑，我们对金仲辉教授主编的《大学基础物理学》（第3版）一书的全部习题提供了一种参考解法，并对每章的重点内容进行总结，对难点进行分析，希望能对那些解题有困难的读者有所帮助．为了达到本书的预期目的，请读者不要在未经自己努力的情况下匆忙翻阅习题解答．

书中第1～4章、第8～11章的习题解答由金仲辉执笔；第12～14章的习题解答由王家慧执笔；第15、16章的习题解答由祁铮执笔；第5～7章、第17章的习题解答以及全书重点与难点的编写由申兵辉执笔．全书由申兵辉统一定稿．书中不妥之处，敬祈指正．

编　者

目　录

前言

第 1 章　运动和力 …… 1

1.1　重点与难点 …… 1

1.2　习题解答 …… 2

第 2 章　动量守恒　角动量守恒 …… 9

2.1　重点与难点 …… 9

2.2　习题解答 …… 10

第 3 章　能量守恒 …… 17

3.1　重点与难点 …… 17

3.2　习题解答 …… 18

第 4 章　流体力学 …… 23

4.1　重点与难点 …… 23

4.2　习题解答 …… 24

第 5 章　气体动理论 …… 29

5.1　重点与难点 …… 29

5.2　习题解答 …… 31

第 6 章　热力学基础 …… 39

6.1　重点与难点 …… 39

6.2　习题解答 …… 40

第 7 章　液体的表面性质 …… 50

7.1　重点与难点 …… 50

7.2　习题解答 …… 50

第 8 章　静电场 …… 54

8.1　重点与难点 …… 54

8.2　习题解答 …… 56

第 9 章　恒定磁场 …… 72

9.1　重点与难点 …… 72

9.2　习题解答 …… 73

第 10 章　电磁感应 …… 86

10.1　重点与难点 …… 86

10.2　习题解答 …… 87

第 11 章　麦克斯韦方程组　电磁波 …… 94

11.1　重点与难点 …… 94

11.2　习题解答 …… 95

第 12 章　振动与波 …… 97

12.1　重点与难点 …… 97

12.2　习题解答 …… 99

第 13 章　光波 …… 107

13.1　重点与难点 …… 107

13.2　习题解答 …… 110

第 14 章　光的吸收、散射和色散 …… 124

14.1　重点与难点 …… 124

14.2　习题解答 …… 124

第 15 章　量子物理基础 …… 128

15.1　重点与难点 …… 128

15.2　习题解答 …… 130

第 16 章　激光 …… 137

16.1　重点与难点 …… 137

16.2　习题解答 …… 137

第 17 章　狭义相对论基础 …… 139

17.1　重点与难点 …… 139

17.2　习题解答 …… 141

第1章　运动和力

1.1　重点与难点

重点内容

1. 位置矢量和位移

物理学中采用位置矢量的方法来确定一个物体或质点的位置，以使公式显得简练、清晰．位置矢量的起点位于坐标原点，终点位于质点所在的位置．在空间直角坐标系中，位置矢量可以表示为

$$\boldsymbol{r}(t)=x(t)\boldsymbol{i}+y(t)\boldsymbol{j}+z(t)\boldsymbol{k}$$

在 Δt 时间间隔内质点位置的变化

$$\Delta\boldsymbol{r}=\boldsymbol{r}(t+\Delta t)-\boldsymbol{r}(t)$$

称为质点的位移．

2. 速度和加速度

速度是位置矢量的时间变化率；加速度是速度的时间变化率．速度和加速度都是矢量．

$$\boldsymbol{v}(t)=\frac{\mathrm{d}\boldsymbol{r}(t)}{\mathrm{d}t}$$

$$\boldsymbol{a}(t)=\frac{\mathrm{d}\boldsymbol{v}(t)}{\mathrm{d}t}$$

在空间直角坐标系中，速度和加速度的表达式分别为

$$\boldsymbol{v}(t)=v_x\boldsymbol{i}+v_y\boldsymbol{j}+v_z\boldsymbol{k}=\frac{\mathrm{d}x}{\mathrm{d}t}\boldsymbol{i}+\frac{\mathrm{d}y}{\mathrm{d}t}\boldsymbol{j}+\frac{\mathrm{d}z}{\mathrm{d}t}\boldsymbol{k}$$

$$\boldsymbol{a}(t)=a_x\boldsymbol{i}+a_y\boldsymbol{j}+a_z\boldsymbol{k}=\frac{\mathrm{d}v_x}{\mathrm{d}t}\boldsymbol{i}+\frac{\mathrm{d}v_y}{\mathrm{d}t}\boldsymbol{j}+\frac{\mathrm{d}v_z}{\mathrm{d}t}\boldsymbol{k}$$

在讨论质点的曲线运动时，常常要用到自然坐标，把加速度矢量分解为切向加速度分量和法向加速度分量，即 $\boldsymbol{a}=\boldsymbol{a}_\mathrm{t}+\boldsymbol{a}_\mathrm{n}$，分量大小的表达式为

$$a_\mathrm{t}=\frac{\mathrm{d}v}{\mathrm{d}t},\quad a_\mathrm{n}=\frac{v^2}{\rho}$$

式中，ρ 为质点运动曲线上所处位置的曲率半径．加速度的大小和方向由下式确定

$$|\boldsymbol{a}| = \sqrt{a_t^2 + a_n^2}, \quad \theta = \arctan \frac{a_n}{a_t} \text{（}\theta \text{ 为 } \boldsymbol{a} \text{ 与 } \boldsymbol{v} \text{ 的夹角）}$$

3. 力学中常见的几种力：重力、万有引力、弹力与摩擦力．

4. 牛顿运动定律

第一定律：任何物体都保持静止状态或匀速直线运动状态，直到其他物体的作用迫使它改变这种状态为止．

第二定律：物体受外力作用时，它所获得的加速度的大小与外力的大小成正比，与物体的质量成反比，加速度的方向与合外力的方向相同．

第三定律：两个物体间的相互作用力总是等值反向沿同一直线．

难点分析

质点运动学的根本问题是根据质点的运动方程找出质点的速度或加速度，或已知速度或加速度确定质点的运动轨迹．在所有问题中，选择一个适当的参考系和坐标系都是必须的．当已知初始条件是由加速度或速度求质点运动方程时，可以选择定积分或不定积分的方法，但不可混用．

定积分方法：

$$\boldsymbol{v}(t) = \boldsymbol{v}(t_0) + \int_{t_0}^{t} \boldsymbol{a}(\tau)\,\mathrm{d}\tau$$

$$\boldsymbol{r}(t) = \boldsymbol{r}(t_0) + \int_{t_0}^{t} \boldsymbol{v}(\tau)\,\mathrm{d}\tau$$

不定积分方法：

$$\boldsymbol{v}(t) = \int \boldsymbol{a}(\tau)\,\mathrm{d}\tau + \boldsymbol{v}_0$$

$$\boldsymbol{r}(t) = \int \boldsymbol{v}(\tau)\,\mathrm{d}\tau + \boldsymbol{r}_0$$

式中，$\boldsymbol{v}_0$ 和 $\boldsymbol{r}_0$ 为积分常量，由初始条件定出．

1.2　习题解答

1-1　一质点在平面上运动，其位矢为 $\boldsymbol{r} = a\cos\omega t\boldsymbol{i} + b\sin\omega t\boldsymbol{j}$，其中 a、b、ω 为常量．求：（1）该质点的速度和加速度；（2）该质点的轨迹．

解　（1）质点的速度和加速度分别为

$$\boldsymbol{v}=\frac{\mathrm{d}\boldsymbol{r}}{\mathrm{d}v}=-a\omega\sin\omega t\boldsymbol{i}+b\omega\cos\omega t\boldsymbol{j}$$

$$\boldsymbol{a}=\frac{\mathrm{d}\boldsymbol{v}}{\mathrm{d}t}=-a\omega^2\cos\omega t\boldsymbol{i}-b\omega^2\sin\omega t\boldsymbol{j}=-\omega^2\boldsymbol{r}$$

（2）由题意，知

$$x=a\cos\omega t,\ y=b\sin\omega t$$

从中消去 t，可得质点的轨迹为位于该平面上的半长轴为 a、半短轴为 b 的椭圆，椭圆方程为

$$\frac{x^2}{a^2}+\frac{y^2}{b^2}=1$$

1-2 一质点平面运动的加速度为 $a_x=-A\cos t$，$a_y=-B\sin t$，$A\neq0$，$B\neq0$，初始条件（$t=0$ 时）为 $v_{0x}=0$，$v_{0y}=B$，$x_0=A$，$y_0=0$. 求质点的运动轨迹.

解 速度分量为

$$v_x=\int_0^t a_x\mathrm{d}t+v_{0x}=-\int_0^t A\cos t\mathrm{d}t=-A\sin t$$

$$v_y=\int_0^t a_y\mathrm{d}t+v_{0y}=-\int_0^t B\sin t\mathrm{d}t=B\cos t$$

坐标分量为

$$x=\int_0^t v_x\mathrm{d}t+x_0=-\int_0^t A\sin t\mathrm{d}t+A=A\cos t$$

$$y=\int_0^t v_y\mathrm{d}t+y_0=\int_0^t B\cos t\mathrm{d}t=B\sin t$$

运动方程的矢量表达式为

$$\boldsymbol{r}=x\boldsymbol{i}+y\boldsymbol{j}=A\cos t\boldsymbol{i}+B\sin t\boldsymbol{j}$$

从运动方程的分量表达式中消去 t，得

$$\frac{x^2}{A^2}+\frac{y^2}{B^2}=1$$

因此，质点的运动轨迹为椭圆.

1-3 设质点的运动方程为 $x=x(t)$，$y=y(t)$. 在计算质点的速度和加速度时，有人先求出 $r=\sqrt{x^2+y^2}$，然后根据 $v=\dfrac{\mathrm{d}r}{\mathrm{d}r}$和$a=\dfrac{\mathrm{d}^2r}{\mathrm{d}t^2}$求得结果；又有人先计算速度和加速度的分量，再合成而求得结果，即 $v=\sqrt{\left(\dfrac{\mathrm{d}x}{\mathrm{d}t}\right)^2+\left(\dfrac{\mathrm{d}y}{\mathrm{d}t}\right)^2}$ 和 $a=\sqrt{\left(\dfrac{\mathrm{d}^2x}{\mathrm{d}t^2}\right)^2+\left(\dfrac{\mathrm{d}^2y}{\mathrm{d}t^2}\right)^2}$. 你认为哪一种方法正确？为什么？

解　后一种方法正确，因为速度和加速度都是矢量，满足如下关系：

$$\boldsymbol{v}=\frac{\mathrm{d}\boldsymbol{r}}{\mathrm{d}t}=\frac{\mathrm{d}x}{\mathrm{d}t}\boldsymbol{i}+\frac{\mathrm{d}y}{\mathrm{d}t}\boldsymbol{j}$$

$$\boldsymbol{a}=\frac{\mathrm{d}^2\boldsymbol{r}}{\mathrm{d}t^2}=\frac{\mathrm{d}^2x}{\mathrm{d}t^2}\boldsymbol{i}+\frac{\mathrm{d}^2y}{\mathrm{d}t^2}\boldsymbol{j}$$

所以有 $v=\sqrt{\left(\frac{\mathrm{d}x}{\mathrm{d}t}\right)^2+\left(\frac{\mathrm{d}y}{\mathrm{d}t}\right)^2}$ 和 $a=\sqrt{\left(\frac{\mathrm{d}^2x}{\mathrm{d}t^2}\right)^2+\left(\frac{\mathrm{d}^2y}{\mathrm{d}t^2}\right)^2}$.

前一种方法的错误在于只考虑了径矢的量值随时间的变化，而未考虑由于径矢方向随时间的变化对速度的贡献，或速度方向随时间的变化对加速度的贡献.

1-4　一个人站在山坡上，山坡与水平面成 α 角，他扔出一个初始速度为 v_0 的小石子，与水平面成 θ 角，如习题 1-4 图所示.（1）如空气阻力可不计，试证小石子落在斜坡上的距离为

$$s=\frac{2v_0^2\sin(\theta+\alpha)\cos\theta}{g\cos^2\alpha}$$

（2）由此证明，对于给定的 v_0 和 α 值，当 $\theta=\frac{\pi}{4}-\frac{\alpha}{2}$时 s 有最大值

$$s_{\max}=\frac{v_0^2(1+\sin\alpha)}{g\cos^2\alpha}$$

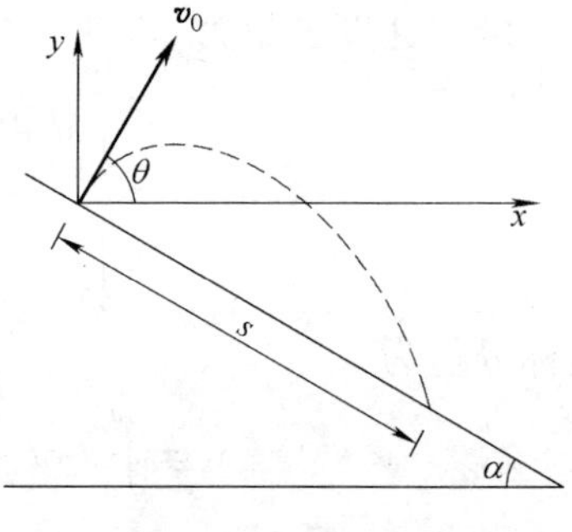

习题 1-4 图

解　（1）如习题 1-4 图建立坐标系. 小石子的运动方程为

$$x=v_0t\cos\theta \qquad ①$$

$$y=v_0t\sin\theta-\frac{1}{2}gt^2 \qquad ②$$

从式①和式②中消去 t，得小石子的轨道方程

$$2yv_0^2\cos^2\theta-2\sin\theta xv_0^2\cos\theta+gx^2=0 \qquad ③$$

而斜坡的直线方程可以表示为

$$y=-x\tan\alpha \qquad ④$$

将式③和式④联立求解，可得除原点（0，0）以外的另一对坐标

$$x_0=\frac{2v_0^2\cos\theta\sin(\alpha+\theta)}{g\cos\alpha},\quad y_0=-\frac{2v_0^2\cos\theta\sin\alpha\sin(\alpha+\theta)}{g\cos^2\alpha}$$

因此，小石子落在斜坡上距离为

$$s=\sqrt{x_0^2+y_0^2}=\frac{2v_0^2\cos\theta\sin(\alpha+\theta)}{g\cos^2\alpha}$$

（2）由$\frac{ds}{d\theta}=0$，可求出$\theta=\frac{\pi}{4}-\frac{\alpha}{2}$，且$\theta$取该值时，有$\frac{d^2s}{d\theta^2}<0$，所以

$$s_{max}=s\big|_{\theta=\frac{\pi}{4}-\frac{\alpha}{2}}=\frac{v_0^2}{g\cos^2\alpha}(1+\sin\alpha)$$

1-5 一质点沿半径为0.10m的圆周运动，其角位置θ（以弧度表示）可用$\theta=2+4t^3$表示，式中t以秒计. 问：（1）在$t=2$s时，它的法向加速度和切向加速度是多少？（2）当切向加速度的大小恰是总加速度大小的一半时，θ的值是多少？（3）在哪一时刻，切向加速度和法向加速度恰有相等的值？

解 （1）质点切向加速度和法向加速度分别为

$$a_t=R\frac{d^2\theta}{dt^2}=24Rt=4.8\text{m}\cdot\text{s}^{-2}$$

$$a_n=\frac{v^2}{R}=\left(\frac{d\theta}{dt}\right)^2R=(12t^2)^2R=144Rt^4=230.4\text{m}\cdot\text{s}^{-2}$$

（2）由题意，$a=\sqrt{a_t^2+a_n^2}=2a_t$，因此，$a_n=\sqrt{3}a_t$，即

$$144Rt^4=24\sqrt{3}Rt$$

由此可得$t=12^{-1/6}\approx0.66$s. 相应的有

$$\theta=2+\frac{2\sqrt{3}}{3}\approx3.15\text{rad}$$

（3）由$a_n=a_t$，即$144Rt^4=24Rt$，解得$t=6^{-1/3}\approx0.55$s.

1-6 北京天安门所处纬度为39.9°. 求它随地球自转的速度和加速度. 设地球半径为6378km.

解 所求速度为

$$v=\omega R\cos\lambda=\frac{2\pi}{T}R\cos\lambda=356\text{m}\cdot\text{s}^{-1}$$

所求加速度为

$$a=\frac{v^2}{R\cos\lambda}=\omega^2R\cos\lambda=2.59\times10^{-2}\text{m}\cdot\text{s}^{-2}$$

1-7 一张致密光盘（CD）音轨区域的内半径为$R_1=2.2$cm，外半径为$R_2=5.6$cm（见习题1-7图），径向音轨密度$N=650$条/mm，在CD唱机内，光盘每转一圈，激光头沿径向向外移动一

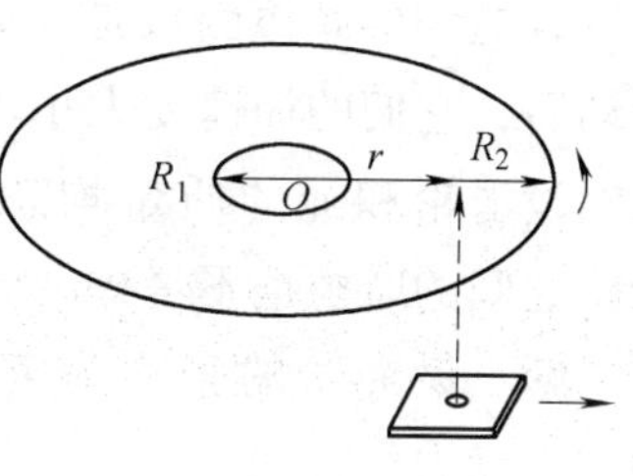

习题1-7图

条音轨，激光束相对于光盘是以 $v=1.3\text{m}\cdot\text{s}^{-1}$ 的恒定线速度运动的. 问：（1）这部光盘的全部放音时间是多少？（2）激光束到达离盘心 $r=5.0\text{cm}$ 处时，光盘转动的角速度和角加速度各是多少？

解 （1）以 r 表示激光束射到光盘上的点到光盘中心的距离，则 $\mathrm{d}r$ 宽度内的音轨长度为 $2\pi rN\mathrm{d}r$. 激光束划过这样长的音轨所用的时间 $\mathrm{d}t=2\pi rN\mathrm{d}r/v$. 由此可得光盘的全部放音时间为

$$\tau=\int_{R_1}^{R_2}\frac{2\pi rN\mathrm{d}r}{v}=\frac{\pi N}{v}(R_2^2-R_1^2)=4.16\times10^3\text{s}=69.4\text{min}$$

（2）激光束到达离盘心 $r=5.0\text{cm}$ 处时，光盘转动的角速度为

$$\omega=v/r=26\text{rad}\cdot\text{s}^{-1}$$

角加速度为

$$\alpha=\frac{\mathrm{d}\omega}{\mathrm{d}t}=-\frac{v}{r^2}\frac{\mathrm{d}r}{\mathrm{d}t}=-\frac{v}{r^2}\frac{v}{2\pi rN}=-\frac{v^2}{2\pi r^3N}=-3.31\times10^{-3}\text{rad}\cdot\text{s}^{-2}$$

1-8 飞机 A 以 $v_\text{A}=1\,000\text{km}\cdot\text{h}^{-1}$ 的速率（相对地面）向南飞行，同时另一架飞机 B 以 $v_\text{B}=800\text{km}\cdot\text{h}^{-1}$ 的速率（相对地面）向东偏南 30°方向飞行. 求飞机 A 相对于飞机 B 的速度和 B 机相对于 A 机的速度.

解 两飞机的速度关系如解图 1-8 所示. 图中 $\alpha=60°$，飞机 A 相对于飞机 B 的速率为

$$v_\text{AB}=\sqrt{v_\text{A}^2+v_\text{B}^2-2v_\text{A}v_\text{B}\cos\alpha}=917\text{m}\cdot\text{s}^{-1}$$

方向由角 β 表示

$$\beta=\arccos\frac{v_\text{B}\cos30°}{v_\text{AB}}=40°56'$$

解图 1-8

即向西偏南 40°56′.

因为飞机 B 相对于飞机 A 的速度 $\boldsymbol{v}_\text{BA}=-\boldsymbol{v}_\text{AB}$，所以 $v_\text{BA}=917\text{m}\cdot\text{s}^{-1}$，方向为东偏北 40°56′.

1-9 如习题 1-9 图所示，木块 A 的质量是 1.0kg，木块 B 的质量是 2.0kg，A 与 B 之间的摩擦因数是 0.20，B 与桌面之间的摩擦因数为 0.30. 若木块开始滑动后，它们的加速度大小均为 $0.15\text{m}\cdot\text{s}^{-2}$. 试问作用在木块 B 上的拉力有多大？设滑轮和绳的质量均忽略不计，绳与滑轮之间的摩擦也不考虑.

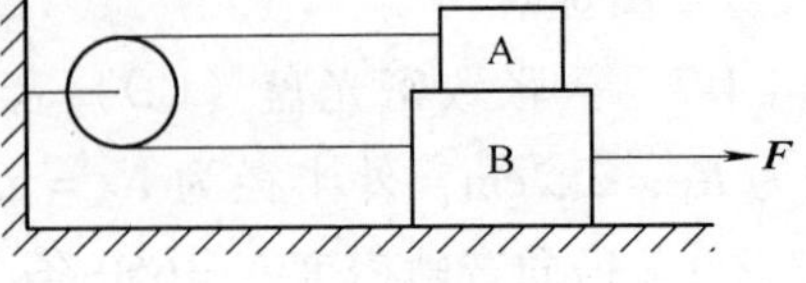

习题 1-9 图

解 设绳子的张力为 $\boldsymbol{F}_\text{T}$，对 A、B 分别列出动力学方程

$$F_\text{T}-\mu_1m_\text{A}g=m_\text{A}a \qquad ①$$

$$F - F_T - \mu_1 m_A g - \mu_2 (m_A + m_B) g = m_B a \quad ②$$

联立式①与式②可解出

$$F = 2\mu_1 m_A g + (m_A + m_B)(a + \mu_2 g) = 13.2\text{N}$$

1-10 两根弹簧的劲度系数分别为 k_1 和 k_2，试求将它们串联起来或并联起来后的劲度系数 k.

解 在串联情况下，两弹簧受的力 F 相等，而总伸长 $\Delta x = \Delta x_1 + \Delta x_2$. 由 $F = k_1 \Delta x_1 = k_2 \Delta x_2$ 得

$$k = \frac{F}{\Delta x_1 + \Delta x_2} = \frac{1}{\dfrac{\Delta x_1}{F} + \dfrac{\Delta x_2}{F}} = \frac{1}{\dfrac{1}{k_1} + \dfrac{1}{k_2}} = \frac{k_1 k_2}{k_1 + k_2}$$

在并联情况下，两弹簧伸长 Δx 相同，所受的总力为 $F = F_1 + F_2$. 由 $F_1 = k\Delta x_1$，$F_2 = k\Delta x_2$，可得

$$k = \frac{F}{\Delta x} = \frac{F_1}{\Delta x} + \frac{F_2}{\Delta x} = k_1 + k_2$$

1-11 光滑的水平桌面上放置一固定的圆环带，半径为 R，一物体贴着环带内侧运动，物体与环带间的动摩擦因数为 μ_k. 设物体在某一时刻经 A 点时速率为 v_0，求此后 t 时刻物体的速率以及从 A 点开始经过的路程.

解 如解图 1-11 所示，物体 m 在法向上有

$$F_N = m\frac{v^2}{R}$$

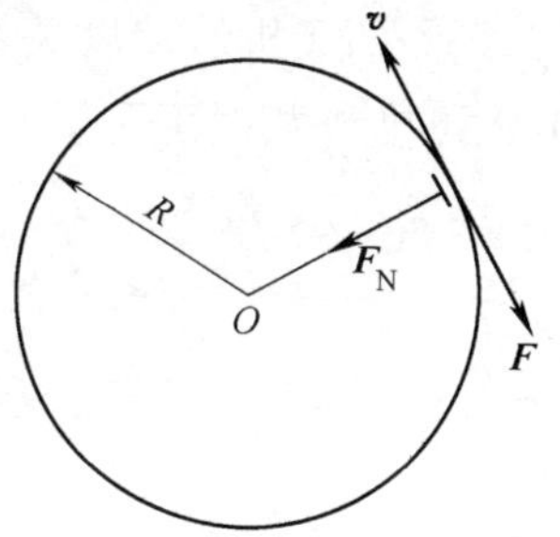

解图 1-11

在切向上有

$$F = \mu_k F_N = -m\frac{dv}{dt}$$

由以上二式可得

$$\frac{dv}{dt} = -\mu_k \frac{v^2}{R}$$

于是

$$\int_{v_0}^{v} \frac{dv}{v^2} = -\int_0^t \frac{\mu_k}{R} dt, \quad v = \frac{v_0 R}{R + v_0 \mu_k t}$$

在时间 t 内物体经过的路程为

$$s = \int_0^t v dt = \int_0^t \frac{v_0 R}{R + v_0 \mu_k t} dt = \frac{R}{\mu_k} \ln\left(1 + \frac{v_0 \mu_k t}{R}\right)$$

1-12　一颗人造地球卫星被发射到地球赤道平面内的圆形轨道上，当轨道半径 R_s 适当时，卫星具有和地球自转完全一样的角速度，因此从地面看来它将固定不动，即所谓同步卫星. 求 R_s 的值，设地球半径为 6.40×10^3km.

解　设卫星的质量为 m，地球质量为 m_E，根据万有引力定律，有

$$G\frac{m_E m}{R_s^2}=m\omega^2 R_s$$

从而得 $R_s=(Gm_E/\omega^2)^{1/3}$. 考虑到重力加速度 $g=Gm_E/R_E^2$，因此有

$$R_s=\left(G\frac{m_E}{\omega^2}\right)^{1/3}=\left(G\frac{m_E}{R_E^2}\frac{R_E^2}{\omega^2}\right)^{1/3}=\left(g\frac{R_E^2}{\omega^2}\right)^{1/3}=4.23\times10^4\text{km}$$

第 2 章　动量守恒　角动量守恒

2.1　重点与难点

重点内容

1. 动量定理与动量守恒定律

质点受合外力 $\boldsymbol{F}$ 的作用，从 t_1 时刻运动到 t_2 时刻，积分

$$\int_{t_1}^{t_2} \boldsymbol{F} \mathrm{d}t = \Delta(m\boldsymbol{v}) = m\boldsymbol{v}_2 - m\boldsymbol{v}_1$$

合外力对时间的积累效果（冲量），是使质点的、以质量与速度之积所表征的运动状态发生了变化. 定义质量与速度的积为质点的动量，则合外力的冲量等于质点动量的增量，这就是质点动量定理.

质点系的动量为质点系内所有质点动量的矢量和. 质点系所受合外力的冲量等于质点系动量的增量，这个结论叫做质点系的动量定理.

当质点系所受合外力为零时，其动量保持不变，这个规律叫做动量守恒定律.

2. 刚体绕定轴的转动惯量

$$I = \sum_i m_i r_i^2 \text{（质点组刚体）}$$

$$I = \int r^2 \mathrm{d}m \text{（连续介质刚体）}$$

式中，m_i 为质点系中第 i 个质点的质量；r_i 表示第 i 个质点到转动轴线的距离；r 表示刚体内质元 $\mathrm{d}m$ 到转轴的距离.

3. 角动量

质点角动量　$\boldsymbol{L} = \boldsymbol{r} \times \boldsymbol{p} = \boldsymbol{r} \times m\boldsymbol{v}$

质点系角动量　$\boldsymbol{L} = \sum_i \boldsymbol{r}_i \times \boldsymbol{p}_i = \sum_i \boldsymbol{r}_i \times m_i\boldsymbol{v}_i$

刚体定轴转动的角动量　$\boldsymbol{L} = I\boldsymbol{\omega}$

4. 角动量定理与角动量守恒定律

质点角动量定理：对于同一参考点而言，作用于质点上的合外力矩等于质点角动量的时间变化率. 质点系角动量定理：对于同一参考点，质点系所受外力对该点力矩的矢量和等于质点系总角动量的时间变化率.

角动量守恒定律：当合外力矩为零时，质点或质点系的角动量维持不变.

5. 转动定律

对于作定轴转动的刚体，作用于刚体上的合外力矩的轴向分量之和，等于刚体对该轴角动量的时间变化率，即

$$M_z = \frac{\mathrm{d}L_z}{\mathrm{d}t} = I_z \frac{\mathrm{d}\omega}{\mathrm{d}t}$$

难点分析

1. 公式 $I = \int r^2 \mathrm{d}m$ 中的 r 为质元 $\mathrm{d}m$ 到转轴的距离，这一点需要引起注意. 另外，选择适当的坐标系可以简化计算过程.

2. 运用动量守恒定律和角动量守恒定律解决实际问题时，必须首先分析这两个守恒定律成立的前提条件是否满足. 动量守恒的条件是质点系所受合外力为零，角动量守恒的条件是质点系所受合外力矩为零. 这两个守恒定律是彼此独立的，因为合外力为零的系统，合外力矩不一定为零，反之亦然. 因此，动量守恒的系统，角动量不一定守恒，角动量守恒的系统动量不一定守恒. 在许多过程中，系统受到的合外力或合外力矩并不为零，但如果系统在某一特定方向的合外力分量为零，仍然可以在此方向上列出动量守恒方程；只要系统沿某轴向的合外力矩为零，也可以列出对该轴的角动量守恒方程.

2.2　习题解答

2-1　某一原来静止的放射性原子核由于衰变辐射出一个电子和一个中微子，电子与中微子的运动方向互相垂直，电子的动量为 $1.2\times10^{-22}\mathrm{kg\cdot m\cdot s^{-1}}$，而中微子的动量等于 $6.4\times10^{-23}\mathrm{kg\cdot m\cdot s^{-1}}$. 试求原子核剩余部分反冲动量的方向和大小.

解　以原子核的剩余、电子和中微子组成的质点系为系统，衰变过程中不受外力作用，因而动量守恒，即

$$\boldsymbol{p}_{\mathrm{e}} + \boldsymbol{p}_{\mathrm{n}} + \boldsymbol{p}_{\mathrm{r}} = 0$$

式中，$\boldsymbol{p}_{\mathrm{e}}$、$\boldsymbol{p}_{\mathrm{n}}$、$\boldsymbol{p}_{\mathrm{r}}$ 分别表示电子、中微子和原子核剩余部分的动量. 如解图 2-1

建立坐标系，动量守恒的分量表达式为

$$p_r = p_n \sin\theta + p_e \cos\theta \quad ①$$

$$p_n \cos\theta - p_e \sin\theta = 0 \quad ②$$

联立式①和式②，可以解出

$$p_r = \sqrt{p_e^2 + p_n^2} = 1.36 \times 10^{-22}\,\text{kg} \cdot \text{m} \cdot \text{s}^{-1}$$

$$\theta = \arctan \frac{p_n}{p_e} = 0.49\ \text{rad} = 28°4'$$

故原子核剩余部分的动量方向与电子径迹间的夹角为 $180° - 28°4' = 151°56'$.

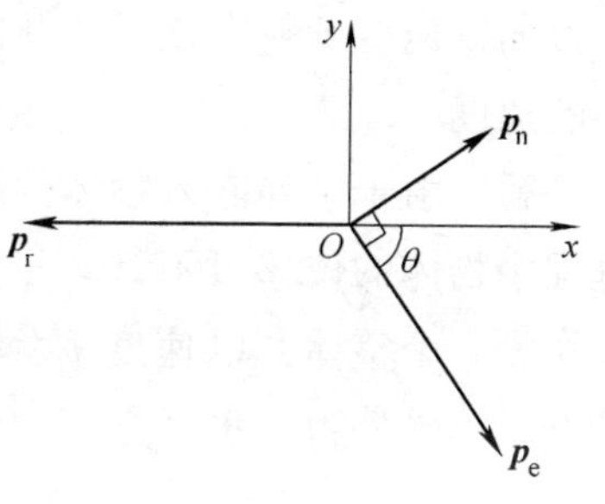

解图 2-1

2-2　一个质量为 $m = 50\text{g}$ 的质点，以速率 $v = 20\text{m} \cdot \text{s}^{-1}$ 作匀速圆周运动.（1）经过 1/4 周期它的动量变化多大？在这段时间内它受到的冲量多大？（2）经过 1 周期它的动量变化多大？受到的冲量多大？

解　（1）建立如解图 2-2 所示的坐标系.

动量变化为 $\Delta \boldsymbol{p} = m\Delta \boldsymbol{v} = mv(-\boldsymbol{j} - \boldsymbol{i})$，其大小为 $\Delta p = \sqrt{2}mv = 1.41\text{kg} \cdot \text{m} \cdot \text{s}^{-1}$. 根据质点动量定理，冲量的大小 $I = \Delta p = 1.41\text{kg} \cdot \text{m} \cdot \text{s}^{-1}$.

（2）$\boldsymbol{I} = \Delta \boldsymbol{p} = m\Delta \boldsymbol{v} = 0$.

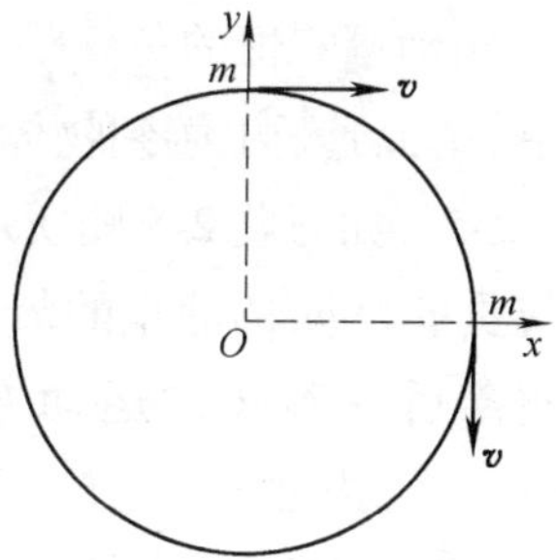

解图 2-2

2-3　一个质量为 $m = 0.14\text{kg}$ 的垒球，沿水平方向以 $v_1 = 50\text{m} \cdot \text{s}^{-1}$ 的速率投出，经棒打击后沿仰角 45°的方向，以速率 $v_2 = 80\text{m} \cdot \text{s}^{-1}$ 飞回.（1）求棒作用于球的冲量的大小和方向；（2）若棒与球接触的时间为 $\Delta t = 0.02\text{s}$，求棒对球的平均作用力.

解　（1）如解图 2-3 建立坐标系. 根据动量定理，棒作用于球的冲量为

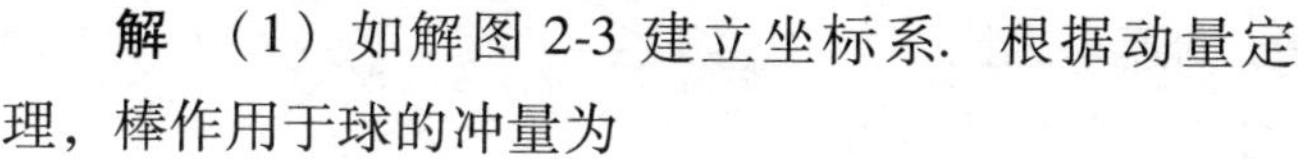

$$\begin{aligned}\boldsymbol{I} &= m\Delta \boldsymbol{v} = m(\boldsymbol{v}_2 - \boldsymbol{v}_1) \\ &= m(v_2 \cos 45° \boldsymbol{i} + v_2 \sin 45° \boldsymbol{j} + v_1 \boldsymbol{i}) \\ &= m(v_2 \cos 45° + v_1)\boldsymbol{i} + m v_2 \sin 45° \boldsymbol{j}\end{aligned}$$

$$\begin{aligned}\Delta v &= \sqrt{(v_2 \cos 45° + v_1)^2 + (v_2 \sin 45°)^2} \\ &= 120\text{m} \cdot \text{s}^{-1}\end{aligned}$$

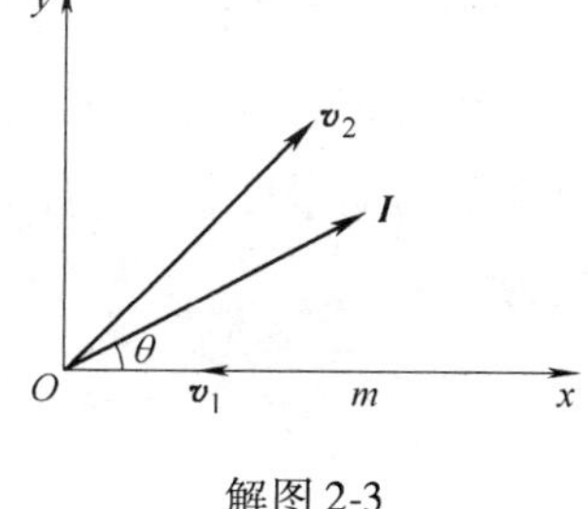

解图 2-3

冲量的大小 $I = m\Delta v = 16.8\text{N} \cdot \text{s}$. 其方向由图中角度 θ 给出：

$$\theta = \arctan \frac{m\Delta v_y}{m\Delta v_x} = \arctan \frac{v_2 \sin 45°}{v_2 \cos 45° + v_1} = 27.9°$$

（2）平均冲力为 $\overline{F}=\dfrac{I}{\Delta t}=840\text{N}$.

2-4　一质量为 m' 的物体被静止悬挂，一质量为 m 的子弹（$m'>>m$）沿水平方向以速度 $\boldsymbol{v}$ 射中该物体并嵌于其中（见习题 2-4 图）. 求子弹射入物体后物体的速度.

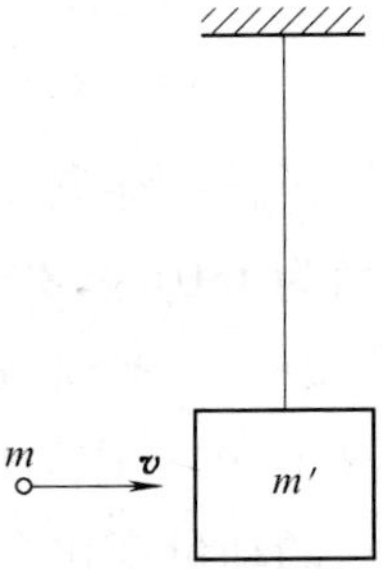

解　由于子弹嵌入物体的时间极短，而 m' 又很大，在这过程中物体的位移可不计. 子弹射入后的一瞬间，物体和子弹作为一个整体，以速度 v' 沿水平方向运动. 该系统在水平方向不受外力，水平方向的动量守恒，所以有

$$mv=(m+m')v'$$

于是

$$v'=\frac{mv}{m+m'}$$

习题 2-4 图

事实上，本题更为一般的解法是利用角动量守恒. 即便考虑绳子的拉力，也由于此拉力穿过绳子的上端，只要以绳子上端为参考点，并设子弹与物体都可看成质点，则角动量守恒方程可以表示为

$$lmv=l(m+m')v'$$

式中，l 为绳子上端到物体质心的距离. 显见，由上式也可以得到本题的解.

2-5　如习题 2-5 图所示，一质量为 m 的 α 粒子，以速率 v 平行于 x 轴运动，并与质量为 m' 的静止的氧原子核相碰. 实验测出碰撞后 α 粒子的运动方向与 x 轴的夹角为 $\theta=72°$，氧核的运动方向与 x 轴的夹角为 $\phi=41°$. 求碰撞后与碰撞前 α 粒子的速率之比.

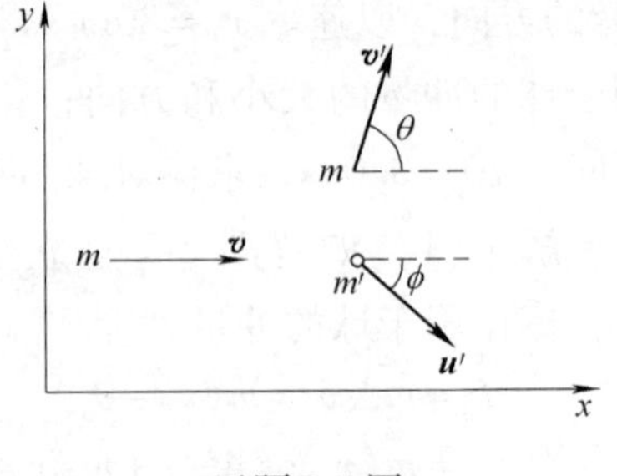

习题 2-5 图

解　设 α 粒子碰撞前后的速率分别为 v 和 v'，氧核碰撞后的速率为 u'，由于碰撞过程的持续时间很短，在此过程中内力远大于重力，所以系统的动量守恒. 动量守恒方程的分量表达式为

$$mv'\cos\theta+m'u'\cos\phi=mv$$
$$mv'\sin\theta-m'u'\sin\phi=0$$

将以上两式除以 mv，有

$$\frac{v'}{v}\cos\theta+\frac{m'}{m}\frac{u'}{v}\cos\phi=1$$

$$\frac{v'}{v}\sin\theta-\frac{m'}{m}\frac{u'}{v}\sin\phi=0$$

联立以上两式可解得

$$\frac{v'}{v}=\frac{\sin\phi\sin(\theta-\phi)}{\sin^2\theta-\sin^2\phi}\approx 0.71$$

2-6　两质量分别是 $m_1=20\text{g}$、$m_2=50\text{g}$ 的小物体在光滑水平面（$x-y$ 平面）上运动，它们的速度分别为 $\boldsymbol{u}_1=10\boldsymbol{i}\text{m}\cdot\text{s}^{-1}$、$\boldsymbol{u}_2=(3.0\boldsymbol{i}+5.0\boldsymbol{j})\text{m}\cdot\text{s}^{-1}$，二者相碰后合为一体，求两物体碰撞后的速度.

解　选两个小物体组成的系统为质点系，由于碰撞过程中合外力为零，故动量守恒，即

$$m_1\boldsymbol{u}_1+m_2\boldsymbol{u}_2=(m_1+m_2)\boldsymbol{v}$$

则

$$\boldsymbol{v}=\frac{(20\times10+50\times3.0)\boldsymbol{i}+50\times5.0\boldsymbol{j}}{20+50}\text{m}\cdot\text{s}^{-1}=\left(5.0\boldsymbol{i}+\frac{25}{7}\boldsymbol{j}\right)\text{m}\cdot\text{s}^{-1}$$

速度的大小为 $v=\sqrt{v_x^2+v_y^2}=6.14\text{m}\cdot\text{s}^{-1}$，速度方向与 x 轴的夹角为 $\theta=\arctan\dfrac{v_y}{v_x}=\arctan\dfrac{5}{7}=35.5°$.

2-7　如习题 2-7 图所示，一个有 1/4 圆弧滑槽（半径为 R）的物体质量为 m_1，停在光滑的水平面上，另一质量为 m_2 的小物体从静止开始沿圆面从顶端由静止下滑. 求当小物体滑到底时，大物体在水平面上移动的距离.

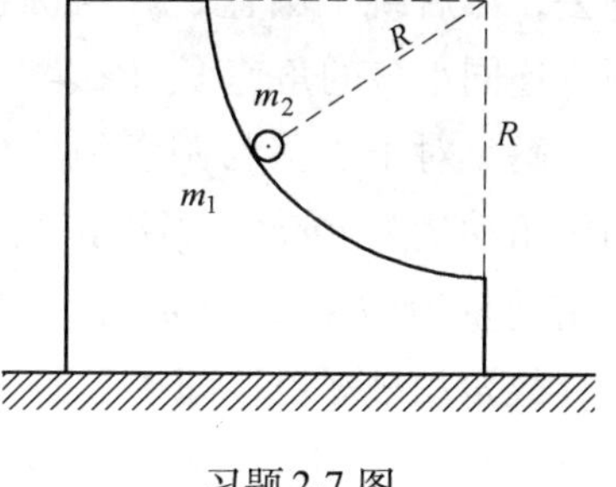

习题 2-7 图

解　水平方向无外力，系统在水平方向动量守恒，即

$$m_1v_1+m_2v=0$$

设小物体离开时小大物体和小物体的水平位移分别为 x_1 和 x_2，上述动量守恒方程两边同乘以 $\text{d}t$ 并积分，可得

$$m_1x_1+m_2x_2=0$$

又由于小物体相对于凹面的水平位移为 R，所以

$$x_2-x_1=R$$

联立上面二式，可解出

$$x_1=-\frac{m_2}{m_1+m_2}R,\quad x_2=\frac{m_1}{m_1+m_2}R$$

小物体滑到底时，大物体在水平面上移动的距离为$\dfrac{m_2}{m_1+m_2}R$.

2-8　已知月球的质量为7.35×10^{22}kg，地球的质量为6.98×10^{24}kg，月球绕地球运行的轨道可视为圆，其周期为27.3d. 求月球对地心的面积速度与角动量.

解　由万有引力定律$G\dfrac{m_E m}{r^2}=mr\omega^2$，得

$$r=\left(\frac{Gm_E T^2}{4\pi^2}\right)^{1/3}=4.03\times10^8\,\text{m}$$

面积速度为

$$\frac{\mathrm{d}S}{\mathrm{d}t}=\frac{\pi r^2}{T}=2.17\times10^{11}\,\text{m}^2\cdot\text{s}^{-1}$$

再由$\dfrac{\mathrm{d}S}{\mathrm{d}t}=\dfrac{L}{2m}$，得月球对地心的角动量

$$L=2m\frac{\mathrm{d}S}{\mathrm{d}t}=3.18\times10^{34}\,\text{kg}\cdot\text{m}^2\cdot\text{s}^{-1}$$

2-9　一个可以在无摩擦的轴上自由转动的圆盘静止不动，它的半径为R，绕轴转动的转动惯量为I. 现一质量为m的小孩沿圆盘的一条切向路径以初速v_0跑去，然后跳上圆盘，并与圆盘一起转动. 试问圆盘连同小孩的角速度为多大？

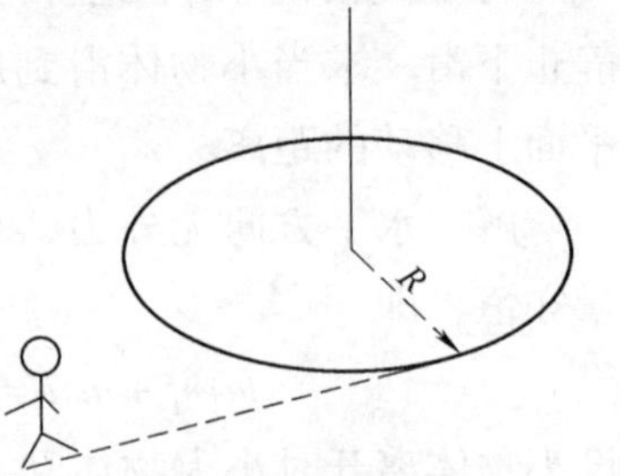

解　对于小孩与圆盘组成的系统，对转轴的初始角动量为Rmv_0，当小孩跳上圆盘以后，系统的角动量为$(I+mR^2)\omega$. 由于沿轴向的外力矩为零，故角动量守恒，即

$$Rmv_0=(I+mR^2)\omega$$

习题2-9图

由上式得圆盘连同小孩的角速度

$$\omega=\frac{Rmv_0}{I+mR^2}$$

2-10　哈雷彗星绕太阳运动的轨道是一个椭圆. 它离太阳中心的最近距离为$r_1=8.75\times10^{10}$m，在该处的速率$v_1=5.46\times10^4\,\text{m}\cdot\text{s}^{-1}$，已知它在离太阳中心最远处的速率为$v_2=9.02\times10^2\,\text{m}\cdot\text{s}^{-1}$.（1）求哈雷彗星离太阳中心的最远距离$r_2$；（2）估算哈雷彗星的周期（提示：先利用$r_1$、$r_2$算出椭圆面积）.

解　(1) 如解图 2-10 所示，彗星与太阳的相互作用力始终经过太阳中心，以太阳中心为参考点，彗星的角动量守恒，即

$$r_1 m v_1 = r_2 m v_2$$

因此，$r_2 = \frac{v_1}{v_2} r_1 = 5.30 \times 10^{12}$m.

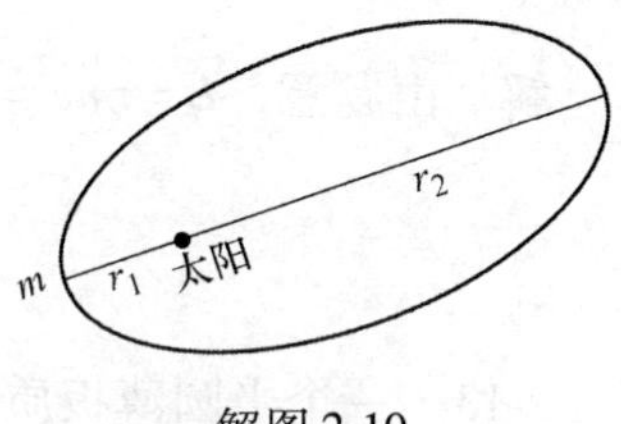

解图 2-10

(2) 由几何学可知，椭圆的半长轴 a 和半短轴 b 分别为

$$a = \frac{r_1 + r_2}{2} = 2.69 \times 10^{12}\,\mathrm{m}$$

$$b = \sqrt{r_1 r_2} = 6.81 \times 10^{11}\,\mathrm{m}$$

椭圆面积为 $S = \pi ab = 5.75 \times 10^{24}\,\mathrm{m}^2$. 由公式$\frac{\mathrm{d}S}{\mathrm{d}t} = \frac{L}{2m}$，得

$$T = \frac{2mS}{L} = \frac{2mS}{r_1 m v_1} = 2.41 \times 10^9\,\mathrm{s} = 76.4\ 年$$

2-11　我国 1998 年 12 月发射的通信卫星在到达同步轨道之前，先要在一个大的椭圆形“转移轨道”上运行若干圈. 此转移轨道的近地点高度为 205.5km，远地点高度为 35 875.7km. 卫星越过近地点的速率为 10.2km · s^{-1}. (1) 求卫星越过远地点时的速率；(2) 求卫星在此轨道上运行的周期（提示：注意用椭圆的面积公式）.

解　(1) 设近地点与远地点的高度分别为 h_1 和 h_2，地球半径为 R_E，近地点和远地点的速率分别为 v_1 和 v_2. 由卫星对地心的角动量守恒可得卫星越过远地点时的速率为

$$v_2 = \frac{r_1}{r_2} v_1 = \frac{h_1 + R_E}{h_2 + R_E} v_1 = 1.59\,\mathrm{km \cdot s^{-1}}$$

(2) 利用椭圆面积公式 $S = \pi \frac{r_1 + r_2}{2} \sqrt{r_1 r_2}$，由$\frac{\mathrm{d}S}{\mathrm{d}t} = \frac{L}{2m}$，得

$$T = \frac{2mS}{L} = \frac{2mS}{r_1 m v_1} = \frac{\pi(r_1 + r_2)}{v_1} \sqrt{\frac{r_2}{r_1}}$$

$$= \frac{\pi(h_1 + R_E + h_2 + R_E)}{v_1} \sqrt{\frac{h_2 + R_E}{h_1 + R_E}}$$

$$= 38\,057\,\mathrm{s} = 10.6\,\mathrm{h}$$

2-12　根据玻尔假设，氢原子内电子绕核运动的角动量只可能是 $\frac{h}{2\pi}$ 的整数

倍，其中 h 是普朗克常量，它的大小为 $6.63\times10^{-34}\text{kg}\cdot\text{m}^2\cdot\text{s}^{-1}$. 已知电子圆形轨道的最小半径为 $r=0.529\times10^{-10}\text{m}$，求在此轨道上电子运动的频率 ν.

解 由题意，$L=rmv=2\pi mr^2\nu=n\dfrac{h}{2\pi}$，对于最小的圆形轨道，$n=1$，因此

$$\nu=\frac{h}{4\pi^2mr^2}=6.59\times10^{15}\text{Hz}$$

2-13 一个半圆薄板质量为 m，半径为 R. 当它绕着它的直径边转动时，它的转动惯量多大?

解 以直径为极轴，建立如解图 2-13 所示的极坐标. 面元 $\text{d}S=r\text{d}r\text{d}\theta$，其质量为 $\text{d}m=\dfrac{m}{\pi R^2/2}\text{d}S=\dfrac{2mr}{\pi R^2}\text{d}r\text{d}\theta$，到转动轴的距离为 $r\sin\theta$. 于是，半圆薄板以直径为轴的转动惯量为

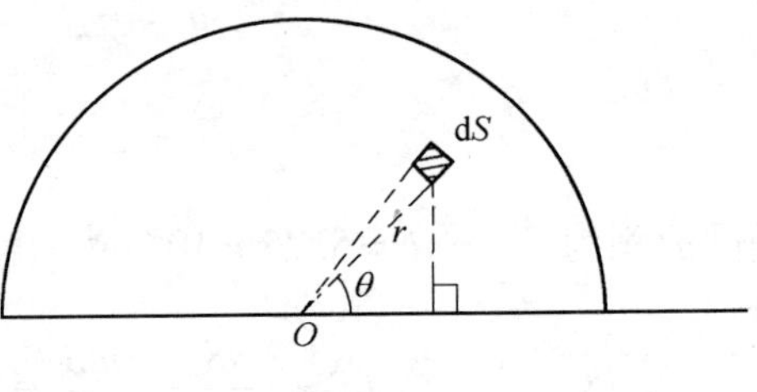

解图 2-13

$$I=\int_0^{\pi}\int_0^{R}(r\sin\theta)^2\frac{2m}{\pi R^2}r\text{d}r\text{d}\theta$$

$$=\int_0^{\pi}\sin^2\theta\text{d}\theta\int_0^{R}\frac{2m}{\pi R^2}r^3\text{d}r$$

$$=\frac{\pi}{2}\frac{2m}{\pi R^2}\frac{R^4}{4}=\frac{1}{4}mR^2$$

2-14 太阳的热核燃料耗尽时，它将急速塌缩成半径等于地球半径的一颗白矮星. 如果不计质量散失，那时太阳的转动周期将变为多少？太阳和白矮星按均匀球体计算. 目前太阳的自转周期按 26d 计. 已知太阳半径为 $6.96\times10^8\text{m}$，地球半径为 $6.4\times10^6\text{m}$.

解 塌缩前后太阳的自转角动量守恒，即

$$I_1\omega_1=I_2\omega_2,\quad I_1=\frac{2}{5}mR_1^2, I_2=\frac{2}{5}mR_2^2$$

于是有

$$T_2=\frac{I_2}{I_1}T_1=\frac{R_2^2}{R_1^2}T_1=190\text{s}=3.17\text{min}$$

第 3 章　能量守恒

3.1　重点与难点

重点内容

1. 功

功的定义：$dA = \boldsymbol{F} \cdot d\boldsymbol{r}$ 为外力 $\boldsymbol{F}$ 作用于质点上，使质点产生 $d\boldsymbol{r}$ 的位移时所做的功.

当质点从 P 点运动到 Q 点时，F 所做的功为

$$A = \int_{r_P}^{r_Q} \boldsymbol{F} \cdot d\boldsymbol{r}$$

力矩的功：力矩的轴向分量 M 对定轴转动的刚体（从角位置 θ_1 转动到 θ_2）所做的功为

$$A = \int_{\theta_1}^{\theta_2} M d\theta$$

2. 动能和动能定理

在合外力 $\boldsymbol{F}$ 的作用下，质点的速度由 v_1 增加到 v_2，积分

$$\int \boldsymbol{F} \cdot d\boldsymbol{r} = \frac{1}{2}mv_2^2 - \frac{1}{2}mv_1^2$$

显示了力对空间积累的结果是使以$\frac{1}{2}mv^2$ 表征的质点的运动状态发生了变化. $\frac{1}{2}mv^2$叫做质点的动能. 合外力的功等于质点动能的增量，这个规律叫做质点的动能定理.

刚体绕定轴转动时，其内部所有质元的总动能即为刚体的转动动能，可以表示为

$$E_k = \frac{1}{2}I\omega^2$$

刚体定轴转动的动能定理为

$$\int M d\theta = \frac{1}{2}I\omega_2^2 - \frac{1}{2}I\omega_1^2$$

3. 势能

保守力场中，保守力做的功与路径无关，从而可以引入一个标量势函数来描述只与空间位置有关的能量，这个势函数就是势能. 势能的定义为：势能的增量等于保守力的负功，即

$$\Delta E_p = E_p(\boldsymbol{r}_2) - E_p(\boldsymbol{r}_1) = -\int_{r_1}^{r_2} \boldsymbol{F} \cdot d\boldsymbol{r}$$

微分表达式为

$$dE_p = -\boldsymbol{F} \cdot d\boldsymbol{r}$$

4. 机械能守恒定律

系统在只有保守力做功时，总机械能才保持不变.

5. 功能原理

外力做的功与耗散内力（非保守力）做的功之和等于系统机械能的增量.

难点分析

1. 解决一个问题，在很多情况下，既可以从动力学方程入手，也可以从能量的角度考虑. 一般而言，运用能量守恒方法更为简单. 但在解题之前，一定要首先验证其必要条件是否存在. 比如，在运用机械能守恒定律之前，要确保只有保守力做功.

2. 只有势能的改变量才有意义. 计算物体的势能时，必须首先选定一个零势能参考位置，对零势能参考点的不同选择，将导致不同的势能值. 引力场中，常以两个物体相距无限远时作为零引力势能参考位置.

3.2　习题解答

3-1　在光滑的水平桌面上有两个小物体，质量分别为 m_1 和 m_2，速率分别为 v_1 和 v_2，运动方向相互垂直，碰撞后一起运动. 求碰撞过程中损失的动能.

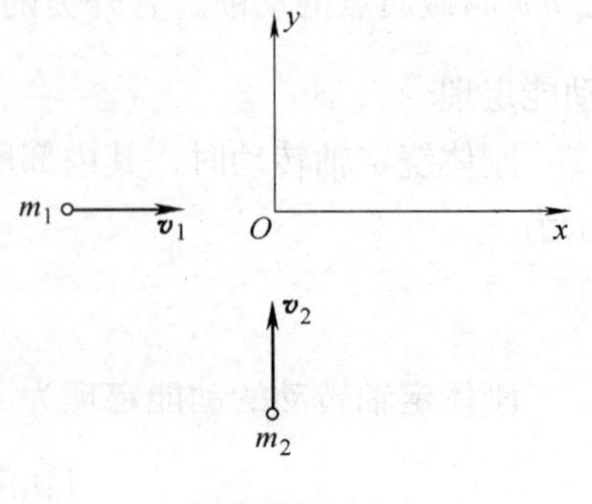

解图 3-1

解　设两个物体沿如解图 3-1 所示方向运动，且碰撞后两物体以共同的速度 $\boldsymbol{v}$ 运动. 因两个物体构成的系统所受合外力为零，故动量守恒.

$$m_1 v_1 = (m_1 + m_2) v_x$$
$$m_2 v_2 = (m_1 + m_2) v_y$$

从中解得 $v_x=\dfrac{m_1}{m_1+m_2}v_1$，$v_y=\dfrac{m_2}{m_1+m_2}v_2$.

碰撞过程中损失的动能为

$$\Delta E_k=\frac{1}{2}m_1v_1^2+\frac{1}{2}m_2v_2^2-\frac{1}{2}(m_1+m_2)(v_x^2+v_y^2)=\frac{m_1m_2}{2(m_1+m_2)}(v_1^2+v_2^2)$$

3-2 质量为 m 的质点在外力作用下在 xy 平面内运动，运动方程为 $\boldsymbol{r}=\boldsymbol{i}a\cos\omega t+\boldsymbol{j}b\sin\omega t$. 求该外力在 $t=0$ 到 $t=0.5\pi/\omega$ 内所做的功.

解 由习题1-1的结果，$\boldsymbol{a}=-\omega^2\boldsymbol{r}$，所以 $\mathrm{d}A=\boldsymbol{F}\cdot\mathrm{d}\boldsymbol{r}=m\boldsymbol{a}\cdot\mathrm{d}\boldsymbol{r}=-\dfrac{1}{2}m\omega^2\mathrm{d}(r^2)$，则

$$A=-\frac{1}{2}m\omega^2\int_a^b\mathrm{d}(r^2)=\frac{1}{2}m\omega^2(a^2-b^2)$$

3-3 质量为2kg的物体，在力 $\boldsymbol{F}=2t\boldsymbol{i}+4t^2\boldsymbol{j}$ 的作用下由静止开始运动. 试求5s秒后力所做的功.

解 由质点动量定理，物体在5s末的动量为

$$\boldsymbol{p}=\int_0^5(2t\boldsymbol{i}+4t^2\boldsymbol{j})\mathrm{d}t=\left(25\boldsymbol{i}+\frac{500}{3}\boldsymbol{j}\right)\mathrm{kg\cdot m\cdot s^{-1}}$$

速度为

$$\boldsymbol{v}=\frac{\boldsymbol{p}}{m}=\left(\frac{25}{2}\boldsymbol{i}+\frac{250}{3}\boldsymbol{j}\right)\mathrm{m\cdot s^{-1}}$$

根据动能定理，力所做的功为

$$A=\frac{1}{2}mv^2=\frac{1}{2}m(v_x^2+v_y^2)=7.1\times10^3\mathrm{J}$$

3-4 在某力场中粒子的势能由 $E_p=2x+3y^2+3z^3$（SI制）给出. 在粒子由坐标为（1，1，1）的点运动到坐标为（2，2，2）的点时，场力做多少功?

解 根据势能的定义，保守力做的功等于势能的减少量，即

$$A=E_p(1,1,1)-E_p(2,2,2)=-32\mathrm{J}$$

3-5 已知某双原子分子的原子间相互作用的势能函数为 $E_p=\dfrac{A}{x^{12}}-\dfrac{B}{x^6}$，其中 A 和 B 为常量，x 为原子间的距离. 试求原子间作用力的函数式及原子间相互作用力为零时的距离.

解

$$\boldsymbol{F}(x)=-\nabla E_p=-\frac{\mathrm{d}E_p}{\mathrm{d}x}\boldsymbol{i}=\left(\frac{12A}{x^{13}}-\frac{6B}{x^7}\right)\boldsymbol{i}$$

由 $F(x)=0$ 可以解得

$$x=\left(\frac{2A}{B}\right)^{1/6}$$

3-6　一转动惯量为 I 的飞轮以 $900\text{r}\cdot\text{min}^{-1}$ 的角速度在轴上旋转，轴的转动惯量可以忽略不计. 另一静止的飞轮的转动惯量为前者的二倍，它们突然被耦合到同一个轴上. 求：

（1）耦合后整个系统的角速度是多大?

（2）耦合前后系统的动能的相对改变量.

解　（1）耦合前后系统的角动量守恒

$$I\omega=(I+2I)\omega'$$

所以

$$\omega'=\frac{I}{I+2I}\omega=300\ \text{r/min}$$

（2）耦合前后系统动能的改变量为

$$\Delta E_{\text{k}}=\frac{1}{2}(I+2I)\omega'^2-\frac{1}{2}I\omega^2=-\frac{1}{3}I\omega^2$$

相对改变量为 $\Delta E_{\text{k}}/E_{\text{k}}=-\dfrac{2}{3}$.

3-7　冲击摆是一种用来测量子弹速度的装置，如习题 3-7 图所示. 一质量为 m 的子弹入射到垂直悬吊的静止沙箱内. 沙箱质量为 m'，入射后，子弹与沙箱共同摆到 h 的高度. 求子弹的水平速度.

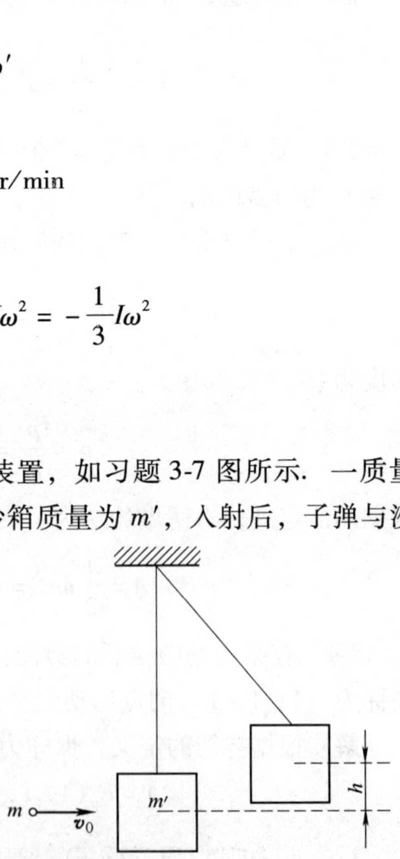

习题 3-7 图

解　设绳子上端到沙箱中心的距离为 l，以绳的上端为参考点，则垂直于纸面方向的合外力矩为零，即

$$lmv_0=l(m+m')v \qquad ①$$

式中 v_0 为子弹的入射速度.

子弹射入沙箱后从具有共同速度 v 到摆到最高处的过程中机械能守恒，有

$$\frac{1}{2}(m+m')v^2=(m+m')gh \qquad ②$$

从式①和式②中消去 v，可得

$$v_0=\frac{m'+m}{m}\sqrt{2gh}$$

3-8 求物体从地面出发的逃逸速度，即逃脱地球引力所需要的从地面出发的最小速度. 地球半径取 $R=6.4\times10^6\text{m}$.

解 选物体与地球为系统，并设二者相距无限远时引力势能为零，则逃逸速度 v_e 满足

$$\frac{1}{2}mv_e^2-\frac{Gm_Em}{R}=0$$

由上式可得

$$v_e=\sqrt{\frac{2Gm_E}{R}}$$

考虑到地面上的重力加速度为 $g=Gm_E/R^2$，所以逃逸速度为

$$v_e=\sqrt{2gR}=1.12\times10^4\text{m}\cdot\text{s}^{-1}$$

3-9 一个星体的逃逸速度为光速时，亦即由于引力的作用光子也不能从该星体表面逃离时，该星体就成了一个“黑洞”. 理论证明，对于这种情况，逃逸速度公式（$v_e=\sqrt{2GM/R}$）仍然正确. 试计算太阳要是成为黑洞，它的半径应是多大（目前半径为 $R=7\times10^8\text{m}$）？质量密度是多大？设太阳质量为 $1.99\times10^{30}\text{kg}$.

解 太阳成为黑洞时的半径为

$$R_b=\frac{2Gm}{c^2}=2.95\times10^3\text{m}$$

此时太阳的密度将变为

$$\rho_b=\frac{m}{4\pi R_b^3/3}=1.85\times10^{19}\text{kg}\cdot\text{m}^{-3}$$

3-10 水星绕太阳运行轨道的近日点到太阳的距离为 $r_1=4.59\times10^7\text{km}$，远日点到太阳的距离为 $r_2=6.98\times10^7\text{km}$. 求水星越过近日点和远日点时的速率 v_1 和 v_2. 设太阳质量为 $1.99\times10^{30}\text{kg}$.

解 水星在近日点和远日点处的速度方向与它对太阳的径矢方向垂直. 由角动量守恒，得

$$r_1mv_1=r_2mv_2 \quad ①$$

又由机械能守恒，得

$$\frac{1}{2}mv_1^2-\frac{Gm_Em}{r_1}=\frac{1}{2}mv_2^2-\frac{Gm_Em}{r_2} \quad ②$$

将式①和②联立，解得

$$v_1 = \left[\frac{2Gm_E r_2}{(r_1 + r_2) r_1}\right]^{1/2} = 5.91 \times 10^4 \mathrm{m \cdot s^{-1}}$$

$$v_2 = \frac{r_1}{r_2} v_1 = 3.88 \times 10^4 \mathrm{m \cdot s^{-1}}$$

第4章 流体力学

4.1 重点与难点

重点内容

1. 静止流体的压强公式

静止流体内部同一高度各点的压强都相等；竖直方向上坐标为 y_1 和 y_2 的两点的压强差为

$$\Delta p = -\int_{y_1}^{y_2} \rho g \mathrm{d}y$$

y 轴正方向竖直向上. 如果流体的密度均匀，则 $\Delta p = -\rho g(y_2 - y_1)$.

2. 理想流体的定常流动

（1）连续性方程：$\oint \boldsymbol{v} \cdot \mathrm{d}\boldsymbol{S} = 0$，如果闭合曲面的侧面为流管，且两个端面上的流速均匀分布，则连续性方程可以化简为 $S_1 v_1 = S_2 v_2$.

（2）伯努利方程：一条流线上各点，$\rho g y + \dfrac{1}{2}\rho v^2 + p =$ 常量

3. 黏性流体的流动

（1）牛顿黏性定律 $f = \eta \Delta S \dfrac{\mathrm{d}p}{\mathrm{d}z}$

（2）泊肃叶公式 $Q = \dfrac{\pi R^4}{8\eta}\dfrac{\Delta p}{L}$，对于沿圆形管道作层流的牛顿黏性流体，如果加速度为零，则流量与管道半径的四次方成正比，与单位长度的压强差成正比，与流体的黏度成反比.

（3）斯托克斯公式 $f = 6\pi r\eta v$

（4）雷诺数 $Re = \dfrac{\rho v l}{\eta}$ 是一个无量纲的数，当 $Re < Re_{\mathrm{c}}$ 时，流动的状态为层流；当 $Re > Re_{\mathrm{c}}$ 时流动的状态为湍流，Re_{c} 为临界雷诺数.

难点分析

1. 压强是法向应力的大小，是一个标量．理想流体是指绝对不可压缩、完全没有黏性（内摩擦）的流体．定常流动是指流场中各点的流速不随时间变化的流体的运动状态．初学者一定要正确掌握这些概念的内涵以及它们之间的关系．例如，作定常流动的流体不一定是理想流体，理想流体的流动也不一定是定常流动等．

2. 研究理想流体的定常流动时，通常需要联立伯努利方程和连续性方程．严格说来，伯努利方程适用于同一条流线上的各点，因此，列伯努利方程时，首先要确认方程两端对应的两点可用同一条流线连接．

4.2　习题解答

4-1　如果忽略大气温度随高度的变化，求证海拔高度为 H 处的大气压为

$$p=p_0\mathrm{e}^{-\frac{\mu gH}{RT}}$$

其中，p_0 表示海平面的大气压强；μ 为空气的平均摩尔质量；T 为大气温度；R 为摩尔气体常数．

解　如解图 4-1 所示，在大气中高度为 z 处，取一个底面积为 S、高为 $\mathrm{d}z$ 的大气柱，由于该柱体静止于大气中，所以其所受合外力为零．即

$$p(z)S-p(z+\mathrm{d}z)S-(\rho g\mathrm{d}z)S=0 \quad ①$$

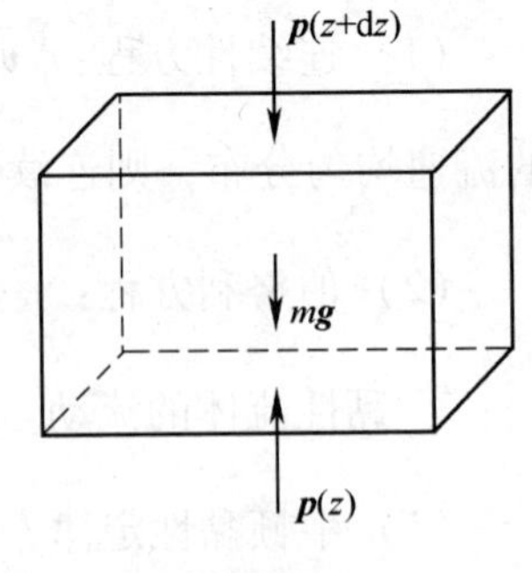

解图 4-1

考虑到

$$p(z+\mathrm{d}z)=p(z)+\frac{\mathrm{d}p(z)}{\mathrm{d}z}\mathrm{d}z \quad ②$$

由理想气体的状态方程 $pV=\dfrac{M}{\mu}RT$，得

$$\rho=\frac{M}{V}=\frac{p\mu}{RT} \quad ③$$

将式②和式③代入式①中，经整理得

$$\frac{\mathrm{d}p}{p}+\frac{\mu g}{RT}\mathrm{d}z=0$$

对上式积分有

$$\int_{p_0}^{p}\frac{\mathrm{d}p}{p}+\int_0^H\frac{\mu g}{RT}\mathrm{d}z=0,$$

即 $\ln\dfrac{p}{p_0}=-\dfrac{\mu g}{RT}H$. 因而有 $p=p_0\mathrm{e}^{-\frac{\mu g}{RT}H}$,原题得证.

4-2 盛有水的圆筒容器，以匀角速度 ω 绕中心轴旋转，当容器中的水和容器同步旋转时，求水面上沿半径方向的压强分布.

解 取与水相对静止的参考系（以角速度 ω 绕静止参考系转动），并在其上建立柱坐标系（r, θ, z）. z 轴取圆筒的轴线方向，如解图 4-2 所示. 在液面内选一个体元 $\mathrm{d}V=r\mathrm{d}r\mathrm{d}z\mathrm{d}\theta$，其中 r 和 $r+\mathrm{d}r$ 两面元上的压强差为

$$p(r+\mathrm{d}r)-p(r)=\frac{\mathrm{d}p}{\mathrm{d}r}\mathrm{d}r$$

解图 4-2

此压强差造成的施于小体积元指向轴线的作用力为

$$\frac{\mathrm{d}p}{\mathrm{d}r}\mathrm{d}r\cdot r\mathrm{d}\theta\mathrm{d}z$$

此力与小体元受到沿 $\boldsymbol{r}$ 方向的惯性力大小相等而方向相反，于是有

$$\frac{\mathrm{d}p}{\mathrm{d}r}\mathrm{d}r\cdot r\mathrm{d}\theta\mathrm{d}z=\rho r\mathrm{d}\theta\mathrm{d}r\mathrm{d}z\omega^2 r$$

将上式化简为

$$\frac{\mathrm{d}p}{\mathrm{d}r}=\rho\omega^2 r$$

对上式积分得

$$p(r)=\frac{1}{2}\rho\omega^2 r^2+C$$

式中积分常量 C 可由 $r=0$ 处水面的大气压强 p_0 来确定. $p(0)=p_0=C$. 于是有

$$p(r)=p_0+\frac{1}{2}\rho\omega^2 r^2$$

4-3 有一水坝长 1km，水深 5m，水坝与水平方向的夹角为 60°，求水对坝身的总压力.

解 如解图 4-3 所示，以水的底部为 y 轴原点，竖直向上建立 y 轴.

考虑高为 y 处厚度为 $\mathrm{d}y$ 的一层水平液块，在该处的压强为 $p_0+\rho g(H-y)$. 水平液块对坝的垂直压力为

$$\mathrm{d}F=[p_0+\rho g(H-y)]L\frac{\mathrm{d}y}{\sin\theta}$$

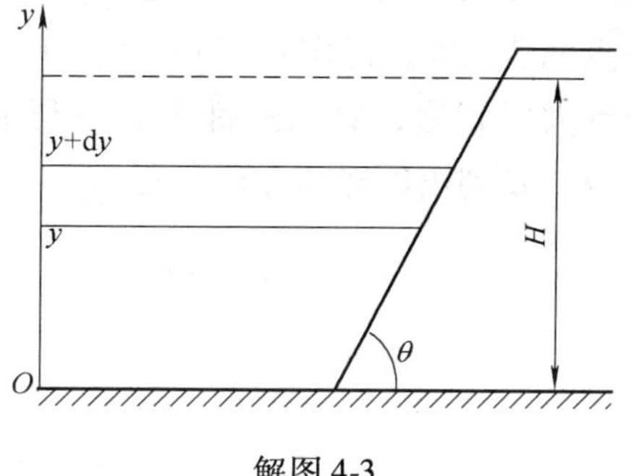

解图 4-3

式中 L 为坝长. 水坝受到的总压力为

$$F = \int_0^H [p_0 + \rho g(H - y)] L \frac{\mathrm{d}y}{\sin\theta}$$

$$= \left(p_0 H + \frac{1}{2}\rho g H^2\right)\frac{L}{\sin\theta}$$

$$= 7.3 \times 10^8 \mathrm{N}$$

4-4 在水平桌面上放着一个高度为 H 的灌满了水的圆筒形容器. 若略去水的黏滞性，试确定应当在容器壁上多大的高度 h 上钻一小孔，使得从小孔里流出的水落到桌上的地点离容器最远.

解 设水落在桌上的地点距离器壁 l，则小孔流速为

$$v = \sqrt{2g(H-h)}$$

流出的水在空中运动的时间为

$$\frac{l}{v} = \sqrt{\frac{2h}{g}}$$

将以上二式联立，得 $l = 2\sqrt{h(H-h)}$. 欲使 l 最大，须 $\frac{\mathrm{d}l}{\mathrm{d}h} = 0$，即

$$(H-h)[h(H-h)]^{-1/2} = 0$$

同时，须有

$$\frac{\mathrm{d}^2 l}{\mathrm{d}h^2} = -\frac{H^2}{2h(H-h)\sqrt{h(H-h)}} < 0$$

由以上二式可得，使 l 最大的 $h = H/2$.

4-5 习题 4-5 图中的虹吸管粗细均匀，略去水的黏滞性. 求虹吸管中水流速度及 A、B、C 三点的压强.

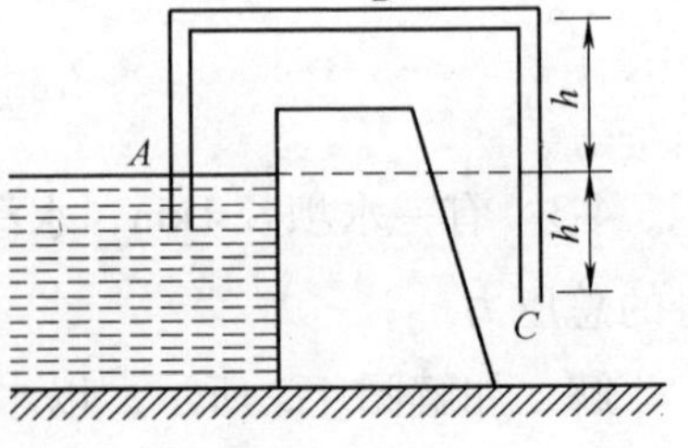

习题 4-5 图

解 在管外水面上任选一点 D，用一条流线连接 D、A、B、C. 由于管子粗细均匀，由连续性方程可知，D 点的流速 $v_D \approx 0$，A、B、C 三点流速相等，记作 v. 另外，由于 D、C 均与外界大气相通，故压强都为大气压 p_0. 对 D、A、B、C 列出伯努利方程，有

$$p_0 + \rho g h' = p_A + \rho g h' + \frac{1}{2}\rho v^2$$

$$= p_B + \rho g(h + h') + \frac{1}{2}\rho v^2$$

$$= p_0 + \frac{1}{2}\rho v^2$$

从中解出

$$v=\sqrt{2gh'},\ p_A=p_0-\rho gh',\ p_B=p_0-\rho g(h+h')$$

4-6 一开口容器截面积为 S_1，底部开一截面积为 S_2 的孔. 当容器内装的液体高度为 h 时，液体从孔中喷出的速度为多大？设液体为理想流体且作定常流动.

解 对液体表面上任意点至小孔的流线，列出伯努利方程

$$p_0+\frac{1}{2}\rho v_1^2+\rho gh=p_0+\frac{1}{2}\rho v_2^2$$

再由连续性方程 $v_1S_1=v_2S_2$，与上式联立，得

$$v_2=\sqrt{\frac{2ghS_1^2}{S_1^2-S_2^2}}$$

当 $S_1 >> S_2$ 时，有 $v_2=\sqrt{2gh}$.

4-7 若将题4-6中的容器内盛两种液体：上层的密度为 ρ_1、厚度为 h_1，下层的密度为 ρ_2、厚度为 h_2，求液体由孔喷出时的速度.

解 设两种液体分界面上的压强为 p，则 $p=p_0+\rho_1gh_1$. 对分界面至小孔的流线应用伯努利方程，得

$$p_0+\rho_1gh_1+\rho_2gh_2+\frac{1}{2}\rho_2v_1^2=p_0+\frac{1}{2}\rho_2v_2^2$$

由连续性方程得 $v_1=\dfrac{S_2}{S_1}v_2$，代入上式得

$$v_2=\left[\frac{2gS_1^2}{S_1^2-S_2^2}\left(h_2+\frac{\rho_1}{\rho_2}h_1\right)\right]^{1/2}$$

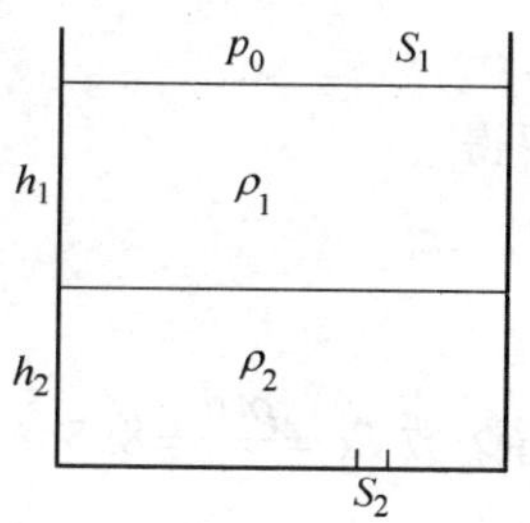

解图 4-7

4-8 匀速直线运动的火箭，发动机燃烧室内高温气体的压强为 p，密度为 ρ，求气体沿截面积为 S_0 的狭窄喷嘴喷出时对火箭的反作用力，设喷出前后，气流可视作理想气体的定常流动.

解 由伯努利方程可得气体喷出时速度（对火箭）为

$$v=\sqrt{2(p-p_0)/\rho}$$

喷气对火箭的反作用力为

$$F=\frac{\mathrm{d}(mv)}{\mathrm{d}t}=v\frac{\mathrm{d}m}{\mathrm{d}t}=v\cdot\rho vS=2S(p-p_0)$$

4-9 一圆桶中的水高为 $H=0.70\mathrm{m}$，底面积 $S_1=0.06\mathrm{m}^2$，桶的底部有一面积 $S_2=1.0\times10^{-4}\mathrm{m}^2$ 的小孔. 问桶中的水全部流尽需多长时间？

解 设 t 时刻的水高为 h，由伯努利方程及连续性方程不难求出小孔流速为 $v' \approx \sqrt{2gh}$. 且桶中水面下降的速率为

$$v = \frac{S_2}{S_1}\sqrt{2gh} = -\frac{\mathrm{d}h}{\mathrm{d}t}$$

分离变量得

$$\mathrm{d}t = -\frac{S_1}{S_2\sqrt{2g}}\frac{\mathrm{d}h}{\sqrt{h}}$$

上式积分，有

$$t = \int_0^t \mathrm{d}t = -\int_H^0 \frac{S_1}{S_2\sqrt{2g}}\frac{\mathrm{d}h}{\sqrt{h}} = \frac{S_1}{S_2}\sqrt{\frac{2H}{g}} = 227\mathrm{s}$$

4-10 一粒半径为 0.08mm 的雨滴在空气中下降，假设它的运动符合斯托克斯定律. 求雨滴的末速度以及在此速度下的雷诺数. 空气的密度 $\rho = 1.25\mathrm{kg \cdot m^{-3}}$，黏度 $\eta = 1.81 \times 10^{-5}\mathrm{Pa \cdot s}$.

解 雨滴的末速度即其加速度为零时的速度，此时作用于雨滴上的合外力为零. 记雨滴的密度为 ρ'，则

$$\frac{4}{3}\pi r^3 \rho' g - 6\pi r\eta v - \frac{4}{3}\pi r^3 \rho g = 0$$

解得

$$v = \frac{2(\rho' - \rho)gr^2}{9\eta} = 0.77\mathrm{m \cdot s^{-1}}$$

雷诺数 $Re = \dfrac{\rho v d}{\eta} = 8.5$.

4-11 设自来水管的内径为 $d = 2.54\mathrm{cm}$，临界雷诺数为 $Re_c = 2000$，水在 1atm（101.325kPa）下、20°C 时的黏度为 $\eta = 1.0 \times 10^{-3}\mathrm{Pa \cdot s}$，水的密度为 $\rho = 1.0 \times 10^3\mathrm{kg \cdot m^{-3}}$. 试问自来水管内平均流速等于多少时，流动将从层流转变为湍流？

解 设水从层流向湍流的转变速度为 v_c，由雷诺数公式 $Re_c = \dfrac{\rho v_c d}{\eta}$，有

$$v_c = \frac{\eta Re_c}{\rho d} = 7.87 \times 10^{-2}\mathrm{m \cdot s^{-1}}$$

事实上，平时打开自来水管时，水的流速可达每秒几十厘米，远大于上式的 $7.87\mathrm{cm \cdot s^{-1}}$，所以自来水管内水的流动多为湍流.

第 5 章　气体动理论

5.1　重点与难点

重点内容

1. 气体的状态方程

无外场时，气体的状态可用压强(p)、体积(V)和温度(T)三个态参量描述，它们之间的关系式

$$f(p,V,T)=0$$

叫做状态方程．理想气体的状态方程为

$$pV=nRT=\frac{M}{\mu}RT$$

2. 理想气体的压强公式

$$p=\frac{2}{3}n_V\left(\frac{1}{2}m\overline{v^2}\right)$$

式中，n_V 表示单位体积的分子数，即分子数密度.

3. 气体分子动理论对温度的解释

$$\frac{1}{2}m\overline{v^2}=\frac{3}{2}kT$$

式中，k 为玻耳兹曼常量，$k=1.38\times10^{-23}\mathrm{J\cdot K^{-1}}$.

4. 麦克斯韦速率分布

（1）麦克斯韦速率分布函数

$$f(v)=4\pi v^2\left(\frac{m}{2\pi kT}\right)^{3/2}\mathrm{e}^{-mv^2/2kT}$$

（2）理想气体的三种特征速率

平均速率 $\bar{v}=\sqrt{\frac{8kT}{\pi m}}=\sqrt{\frac{8RT}{\pi\mu}}\approx1.60\sqrt{\frac{RT}{\mu}}$

方均根速率 $\sqrt{\overline{v^2}}=\sqrt{\frac{3kT}{m}}=\sqrt{\frac{3RT}{\mu}}\approx1.73\sqrt{\frac{RT}{\mu}}$

最概然速率 $v_p=\sqrt{\frac{2kT}{m}}=\sqrt{\frac{2RT}{\mu}}\approx 1.41\sqrt{\frac{RT}{\mu}}$

5. 玻耳兹曼分布律

(1) 能量分布 $\frac{dN}{N}=Ce^{-\varepsilon/kT}dxdydzdv_xdv_ydv_z$，$\varepsilon=\varepsilon_k+\varepsilon_p$

(2) 玻耳兹曼速度分布函数 $f_B(v_x,\ v_y,\ v_z)=\left(\frac{m}{2\pi kT}\right)^{3/2}e^{-m(v_x^2+v_y^2+v_z^2)/2kT}$

(3) 粒子数密度分布 $n_V=n_0e^{-\varepsilon_p/kT}$，$n_0$ 为势能 $\varepsilon_p=0$ 处单位体积的粒子数.

6. 能量均分定理

在温度为 T 的平衡态下，物质分子的每一个自由度都具有相同的平均动能，其大小都是 $\frac{1}{2}kT$. 由此可计算出分子的平均能量为 $\bar{\varepsilon}=\frac{1}{2}(t+r+2s)kT$.

7. 理想气体的内能

$$E=\frac{1}{2}(t+r+2s)nRT=nC_{V,m}T$$

8. 摩尔定容热容

定义式 $C_{V,m}=\frac{1}{n}\left(\frac{\partial Q}{\partial T}\right)_V$

常温下，单原子理想气体 $C_{V,m}=\frac{3}{2}R$，双原子理想气体 $C_{V,m}=\frac{5}{2}R$

9. 平均碰撞频率与平均自由程

分子的平均碰撞频率 $\bar{z}=\sqrt{2}n_V\pi d^2\ \bar{v}$

分子的平均自由程 $\bar{\lambda}=\frac{\bar{v}}{\bar{z}}=\frac{1}{\sqrt{2}\pi n_V d^2}$

10. 范德瓦耳斯方程

$n$mol 气体的范德瓦耳斯方程 $\left(p+\frac{an^2}{V^2}\right)(V-nb)=nRT$

难点分析

1. 本章的第一个难点为对理想气体微观模型的掌握，对气体分子动理论核心思想的理解，以及在此基础上怎样推导理想气体的压强公式等. 读者在学习过程中，不仅要注重一些结论，还应加强对过程的理解和掌握.

2. 本章的第二个难点为对分布函数（概率密度函数）的理解和掌握，以及如何利用分布函数计算一些宏观量的统计平均值. 以麦克斯韦速率分布函数为例，其意义是$f(v)=\frac{1}{N}\frac{\mathrm{d}N}{\mathrm{d}v}$，即速率 v 附近单位速率间隔的粒子数占总粒子分子数的百分比.

5.2　习题解答

5-1　目前真空设备的真空度可以达到 1.0×10^{-10}Pa. 求在此压强下，温度为 300K 时 $1\mathrm{m}^3$ 的体积中有多少个气体分子?

解　由 $p=n_VkT$ 得

$$n_V=\frac{p}{kT}=2.4\times10^{10}\mathrm{m}^{-3}$$

5-2　2.0×10^{-3}kg 的氢气装在 $0.02\mathrm{m}^3$ 的容器内，当容器内的压强为 4.0×10^4Pa 时，氢气分子的平均平动动能为多大?

解　由理想气体的状态方程 $pV=\frac{M}{\mu}RT$，得 $T=\frac{pV\mu}{MR}$. 因此，氢气分子的平均平动动能为

$$\bar{\varepsilon}=\frac{3kT}{2}=\frac{3kpV\mu}{2MR}=2.0\times10^{-21}\mathrm{J}$$

5-3　一容器内贮有氧气，其压强 1.0×10^5Pa，温度 $T=300$K，求:

（1）单位体积的分子数;

（2）氧气的密度;

（3）氧分子的质量;

（4）分子间的平均距离;

（5）分子的平均平动动能;

（6）若容器为边长为 0.30m 的立方体，当一个分子下降的高度等于容器的边长时，将重力势能的改变与其平均平动动能相比较.

解　（1）根据 $p=n_VkT$ 可得

$$n_V=\frac{p}{kT}=2.42\times10^{25}\mathrm{m}^{-3}$$

（2）$\rho=mn_V=\frac{\mu n_V}{N_\mathrm{A}}=1.29\mathrm{kg}\cdot\mathrm{m}^{-3}$.

（3）$m=\frac{\mu}{N_\mathrm{A}}=5.32\times10^{-26}\mathrm{kg}$.

(4) $\overline{d}=\left(\frac{1}{n_V}\right)^{1/3}=3.45\times10^{-9}\text{m}$.

(5) $\overline{\varepsilon}_{\text{k}}=\frac{3}{2}kT=6.21\times10^{-21}\text{J}$.

(6) $\Delta\varepsilon_{\text{p}}=mgL=1.56\times10^{-25}\text{J}$，$\frac{\Delta\varepsilon_{\text{p}}}{\overline{\varepsilon}_{\text{k}}}=2.51\times10^{-5}$，由此可以看出，重力作用可以忽略.

5-4　求温度为127℃的氢分子和氧分子的平均速率、方均根速率和最概然速率.

解　对于氢分子，$\mu=2.0\times10^{-3}\text{kg}$，则

$$\bar{v}=\sqrt{\frac{8RT}{\pi\mu}}=2\ 057\text{m}\cdot\text{s}^{-1}$$

$$\sqrt{\overline{v^2}}=\sqrt{\frac{3RT}{\mu}}=2\ 233\text{m}\cdot\text{s}^{-1}$$

$$v_{\text{p}}=\sqrt{\frac{2RT}{\mu}}=1\ 823\text{m}\cdot\text{s}^{-1}$$

同理，对于氧分子，$\bar{v}=514\text{m}\cdot\text{s}^{-1}$，$\sqrt{\overline{v^2}}=558\text{m}\cdot\text{s}^{-1}$，$v_{\text{p}}=456\text{m}\cdot\text{s}^{-1}$.

5-5　某气体处于平衡态. 试问速率跟最概然速率相差不超过1%的分子占气体分子的百分之几?

解　令 $u=v/v_{\text{p}}$，则可将麦克斯韦速率分布函数简化为

$$f(u)\,\text{d}u=\frac{4}{\pi}u^2\text{e}^{-u^2}\text{d}u$$

由于速率区间很小，故所求概率

$$f(u)\Delta u\approx\frac{4}{\pi}u^2\text{e}^{-u^2}\Delta u=\frac{4}{\pi}\cdot1^2\cdot\text{e}^{-1}\cdot0.02=1.66\%$$

5-6　在温度 T 下，氮（N_2）分子的方均根速率比平均速率大 $50\text{m}\cdot\text{s}^{-1}$，试求温度 T.

解　由题意，有

$$\sqrt{\frac{3RT}{\mu}}-\sqrt{\frac{8RT}{\pi\mu}}=50$$

解得

$$T=\frac{2\ 500\pi\mu(3\pi+4\sqrt{6\pi}+8)}{(-8+3\pi^2)R}$$

代入数据，得 $T=453.5\text{K}$.

5-7　根据麦克斯韦分布律求速率倒数的平均值$\overline{\left(\frac{1}{v}\right)}$，并与平均值的倒数$\frac{1}{\bar{v}}$比较.

解　速率倒数的平均值为

$$\overline{\left(\frac{1}{v}\right)}=\int_0^{\infty}\frac{f(v)}{v}\mathrm{d}v$$

$$=4\pi\left(\frac{m}{2\pi kT}\right)^{3/2}\int_0^{\infty}v\exp\left(-\frac{mv^2}{2kT}\right)\mathrm{d}v$$

$$=2\pi\left(\frac{m}{2\pi kT}\right)^{3/2}\int_0^{\infty}\exp\left(-\frac{mv^2}{2kT}\right)\mathrm{d}v^2$$

令 $x=\frac{m}{2kT}v^2$，则 $\mathrm{d}v^2=\frac{2kT}{m}\mathrm{d}x$，代入上式，有

$$\overline{\left(\frac{1}{v}\right)}=2\pi\left(\frac{m}{2\pi kT}\right)^{3/2}\frac{2kT}{m}\int_0^{\infty}\mathrm{e}^{-x}\mathrm{d}x=\sqrt{\frac{2m}{\pi kT}}$$

而 $\frac{1}{\bar{v}}=\sqrt{\frac{\pi m}{8kT}}$，故 $\frac{\overline{1/v}}{1/\bar{v}}=\frac{4}{\pi}>1$.

5-8　试根据麦克斯韦速率分布证明，速率和平均能量的涨落分别为

$$\overline{(v-\bar{v})^2}=\frac{kT}{m}\left(3-\frac{8}{\pi}\right)$$

$$\overline{(\varepsilon-\bar{\varepsilon})^2}=\frac{3}{2}(kT)^2$$

解

$$\overline{(v-\bar{v})^2}=\overline{v^2-2v\bar{v}+\bar{v}^2}=\overline{v^2}-\bar{v}^2=\frac{kT}{m}\left(3-\frac{8}{\pi}\right)$$

同理

$$\overline{(\varepsilon-\bar{\varepsilon})^2}=\overline{\varepsilon^2}-\bar{\varepsilon}^2=\frac{1}{4}m^2\overline{v^4}-\frac{1}{4}m^2(\overline{v^2})^2 \quad ①$$

式中

$$(\overline{v^2})^2=\left(\frac{3kT}{m}\right)^2=\frac{9k^2T^2}{m^2} \quad ②$$

$$\overline{v^4} = 4\pi\left(\frac{m}{2\pi kT}\right)^{3/2}\int_0^\infty v^4 \cdot v^2 e^{-mv^2/2kT}dv$$
$$= 4\pi\left(\frac{m}{2\pi kT}\right)^{3/2}\int_0^\infty v^6 e^{-mv^2/2kT}dv$$

由积分公式$\int_0^\infty x^{2n}e^{-ax^2}dx = \frac{1\cdot 3\cdot 5\cdot \cdots \cdot(2n-1)}{2^{n+1}a^n}\sqrt{\frac{\pi}{a}}$,得

$$\overline{v^4} = 4\pi\left(\frac{m}{2\pi kT}\right)^{3/2}\frac{1\cdot 3\cdot 5}{2^4\left(\frac{m}{2kT}\right)^3}\sqrt{\frac{\pi}{\frac{m}{2kT}}} = \frac{15k^2T^2}{m^2} \quad ③$$

将式②和式③代入式①得

$$\overline{(\varepsilon-\bar{\varepsilon})^2} = \frac{3}{2}(kT)^2$$

原题得证.

5-9　试根据麦克斯韦速率分布律证明：分子平动动能在 ε 到 $\varepsilon+d\varepsilon$ 区间的概率为

$$f(\varepsilon)d\varepsilon = \frac{2}{\sqrt{\pi}}(kT)^{-3/2}e^{-\varepsilon/kT}\sqrt{\varepsilon}d\varepsilon$$

其中 $\varepsilon = \frac{1}{2}mv^2$. 根据上式求分子平动动能的最概然值.

解　因 $\varepsilon = \frac{1}{2}mv^2$，故

$$v = \sqrt{\frac{2\varepsilon}{m}} \quad ①$$

$$dv = \frac{d\varepsilon}{\sqrt{2m\varepsilon}} \quad ②$$

将式①和式②代入麦克斯韦速率分布函数

$$f(v)dv = 4\pi v^2\left(\frac{m}{2\pi kT}\right)^{3/2}\exp\left(-\frac{mv^2}{2kT}\right)dv$$

得

$$f(\varepsilon)d\varepsilon = \frac{2}{\sqrt{\pi}}(kT)^{-3/2}\exp\left(-\frac{\varepsilon}{kT}\right)\varepsilon^{\frac{1}{2}}d\varepsilon$$

原题得证.

由

$$\frac{\mathrm{d}f(\varepsilon)}{\mathrm{d}\varepsilon}=\frac{2}{\sqrt{\pi}}(kT)^{-3/2}\left[\frac{1}{2}\varepsilon^{-1/2}\mathrm{e}^{-\varepsilon/kT}-\frac{1}{kT}\varepsilon^{\frac{1}{2}}\mathrm{e}^{-\varepsilon/kT}\right]=0$$

可得 $\varepsilon_{\mathrm{p}}=\frac{kT}{2}$. 即分子平均平动动能的最概然值为 $\varepsilon_{\mathrm{p}}=\frac{kT}{2}$.

5-10 导体中自由电子的运动可看做类似于气体分子的运动（称“电子气”），设导体中共有 N 个自由电子，其中电子的最大速率为 v_{F}（称“费米速率”）. 已知电子的速率分布函数为

$$f(v)=\begin{cases}Av^2, & (v_{\mathrm{F}}>v>0), A\text{为常量}\\ 0, & (v>v_{\mathrm{F}})\end{cases}$$

（1）画出速率分布函数曲线；（2）用 v_{F} 定出常量 A；（3）求电子的 v_{p}、$\bar{v}$和$\sqrt{\overline{v^2}}$.

解 （1）电子气的速率分布函数曲线示于解图 5-10 中.

（2）由归一化条件，有

$$\int_0^{v_{\mathrm{F}}}Av^2\mathrm{d}v = 1$$

解得 $A=\frac{3}{v_{\mathrm{F}}^3}$.

（3）电子的三个特征速率分别为

$$v_{\mathrm{p}}=v_{\mathrm{F}}$$

$$\bar{v} = \int_0^{\infty}vf(v)\mathrm{d}v = \int_0^{v_{\mathrm{F}}}Av^3\mathrm{d}v = \frac{3v_{\mathrm{F}}}{4}$$

$$\sqrt{\overline{v^2}} = \left(\int_0^{v_{\mathrm{F}}}Av^4\mathrm{d}v\right)^{1/2} = \sqrt{\frac{3}{5}}v_{\mathrm{F}}$$

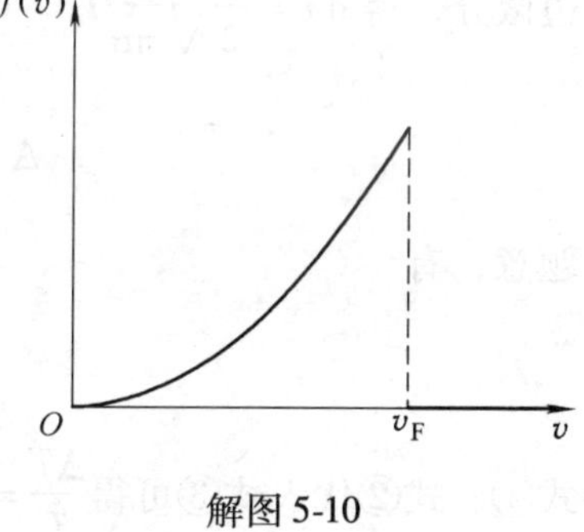

解图 5-10

5-11 在 298K 下观察到直径为 10×10^{-6}m 的烟尘微粒的方均根速率为 $4.5\times10^{-3}\mathrm{m\cdot s^{-1}}$，试估算微粒的密度.

解 由 $\overline{v^2}=\frac{3kT}{m}$，可得微粒的质量为 $m=\frac{3kT}{\overline{v^2}}$. 微粒的密度为

$$\rho=\frac{m}{4\pi R^3/3}=\frac{6m}{\pi D^3}=\frac{18kT}{\pi D^3\ \overline{v^2}}=1.16\times10^3\mathrm{kg\cdot m^{-3}}$$

5-12 在容积为 $1.0\times10^{-2}\mathrm{m^3}$ 的容器中，装有 0.01kg 理想气体，若气体分子的方均根速率为 $200\mathrm{m\cdot s^{-1}}$，问气体的压强是多大?

解 理想气体的方均根速率为

$$\sqrt{\overline{v^2}}=\sqrt{\frac{3RT}{\mu}} \qquad ①$$

理想气体的状态方程为

$$pV=\frac{M}{\mu}RT \qquad ②$$

将式①与式②联立可解得

$$p=\frac{M\overline{v^2}}{3V}=1.33\times10^4\text{Pa}$$

5-13　玻璃瓶内装有温度 $T=293\text{K}$ 的 1mol 单原子理想气体，为使其分子的平均速率增加 1%，试问需传给气体多少热量 Q？

解　将公式

$$\bar{v}=\sqrt{\frac{8RT}{\pi\mu}} \qquad ①$$

两边微分，得 $\mathrm{d}\,\bar{v}=\frac{1}{2}\sqrt{\frac{8R}{\pi\mu}}T^{-1/2}\mathrm{d}T$，再将无限小量改为有限小量，可得近似公式

$$\Delta\bar{v}\approx\frac{1}{2}\sqrt{\frac{8R}{\pi\mu}}T^{-1/2}\Delta T \qquad ②$$

由题意，有

$$\frac{\Delta\bar{v}}{\bar{v}}=1\% \qquad ③$$

将式①、式②代入式③可得 $\frac{\Delta T}{T}=2\%$，所以

$$\Delta T=2\%\,T=5.86\text{K}$$

所需热量 $Q=nC_{V,\text{m}}\Delta T=73.0\text{J}$.

5-14　在 $T=300\text{K}$ 时，1mol 氮气处于平衡状态．试问下列量等于多少：

（1）全部分子的速度的 x 分量之和；

（2）全部分子的速度之和；

（3）全部分子的速度的平方和；

（4）全部分子的速度的模之和．

解　（1）速度 x 分量的平均值为

$$\overline{v_x}=\iiint_{-\infty}^{\infty}f_{\text{B}}(v_x,v_y,v_z)v_x\mathrm{d}v_x\mathrm{d}v_y\mathrm{d}v_z=0$$

同理，$\overline{v_y}=\overline{v_z}=0$.

$\sum v_x=N_A\overline{v_x}=0$.

（2）$\bar{\boldsymbol{v}}=\overline{v_x}\boldsymbol{i}+\overline{v_y}\boldsymbol{j}+\overline{v_z}\boldsymbol{k}=0$，$\sum\boldsymbol{v}=N_A\bar{\boldsymbol{v}}=0$.

（3）利用 $\overline{v^2}=\frac{3RT}{\mu}$，有

$$\sum v^2=N_A\overline{v^2}=\frac{3RTN_A}{\mu}=1.61\times10^{29}\text{m}^2\cdot\text{s}^{-2}$$

（4）由 $\bar{v}=\sqrt{\frac{8RT}{\pi\mu}}$，得

$$\sum v=N_A\bar{v}=N_A\sqrt{\frac{8RT}{\pi\mu}}=2.87\times10^{26}\text{m}\cdot\text{s}^{-1}$$

5-15　上升到什么高度时，大气压强降为地面的75%（设空气温度为273K，空气的平均摩尔质量是 28.97×10^{-3}kg · mol^{-1}）？

解

$$z=-\frac{RT}{\mu g}\ln\frac{p(z)}{p_0}=2\ 298\text{m}$$

5-16　今测得温度为288K、压强为 $p=1.03\times10^5$Pa 时氩分子和氖分子的平均自由程分别为 $\overline{\lambda}_A=6.3\times10^{-8}$m、$\overline{\lambda}_{Ne}=13.2\times10^{-8}$m，问

（1）氩分子和氖分子有效直径之比是多少？

（2）温度为293K、压强为 2.03×10^4Pa 时 $\overline{\lambda}_A$ 是多少？

解　（1）根据 $\overline{\lambda}=\frac{kT}{\sqrt{2}\pi d^2p}$，在压强和温度都相等的情况下，平均自由程只与分子有效直径的平方成反比，故

$$\frac{d_A}{d_{Ne}}=\sqrt{\frac{\overline{\lambda}_{Ne}}{\overline{\lambda}_A}}=1.45$$

（2）对于同种分子，$\frac{\overline{\lambda}'}{\overline{\lambda}}=\frac{T'p}{Tp'}$，因此

$$\overline{\lambda}'_A=\frac{T'p}{Tp'}\overline{\lambda}_A=3.25\times10^{-7}\text{m}$$

5-17　温度为273K、压强为 1.0×10^5Pa 下，空气的密度是1.293kg · m^{-3}，$\bar{v}=460$m · s^{-1}，$\overline{\lambda}=6.4\times10^{-8}$m. 试计算空气的黏度.

解

$$\eta=\frac{1}{3}\rho\bar{v}\overline{\lambda}=1.27\times10^{-5}\text{Pa}\cdot\text{s}$$

5-18　人体每天通过皮肤表面扩散的水分约为 3.0×10^{-4}m^3. 如果人的皮肤的总面积为1.60m^2，厚为20μm，试计算扩散系数.

解　在 dt 时间内，通过面元 dS 扩散的水分为

$$dm = -D\frac{d\rho}{dz}dtdS$$

由于密度梯度 $\frac{d\rho}{dz}$ 为常量，所以在时间间隔 T 内，通过面积 S 扩散的水分为

$$m = \int dm = -D\frac{d\rho}{dz}TS$$

由上式得

$$D = -\frac{m}{TS\frac{d\rho}{dz}} = 4.34\times10^{-14}\,m^2\cdot s^{-1}$$

第6章 热力学基础

6.1 重点与难点

重点内容

1. 热力学第一定律

（1）数学表达式 $\Delta E = A + Q$ 或 $\mathrm{d}E = \mathrm{d}A + \mathrm{d}Q$

（2）理想气体的热力学第一定律 $\mathrm{d}E = \mathrm{d}Q - p\mathrm{d}V$

（3）热力学第一定律对理想气体等值过程的应用（表6-1）

表6-1 理想气体等值过程重要公式简表

过程	特征	过程方程	吸收热量 Q	外界做功 A	内能增量 ΔE
等体	$V=$恒量	$\frac{p}{T}=$恒量	$nC_{V,\mathrm{m}}(T_2-T_1)$	0	$nC_{V,\mathrm{m}}(T_2-T_1)$
等压	$p=$恒量	$\frac{V}{T}=$恒量	$nC_{p,\mathrm{m}}(T_2-T_1)$	$-p(V_2-V_1)$ $-nR(T_2-T_1)$	$nC_{V,\mathrm{m}}(T_2-T_1)$
等温	$T=$恒量	$pV=$恒量	$nRT\ln\frac{V_2}{V_1}$ $nRT\ln\frac{p_1}{p_2}$	$A=-Q$	0
绝热	$Q=0$	$pV^{\gamma}=$恒量 $TV^{\gamma-1}=$恒量 $p^{\gamma-1}T^{-\gamma}=$恒量	0	$nC_{V,\mathrm{m}}(T_2-T_1)$ $\frac{1}{\gamma-1}(p_2V_2-p_1V_1)$	$nC_{V,\mathrm{m}}(T_2-T_1)$

其中 $\gamma=\frac{C_{p,\mathrm{m}}}{C_{V,\mathrm{m}}}$，$C_{p,\mathrm{m}}=C_{V,\mathrm{m}}+R.$

（4）循环过程

循环效率 $\eta=\frac{Q_1+Q_2}{Q_1}$，制冷系数 $\varepsilon=-\frac{Q_2}{Q_1+Q_2}.$

对于卡诺循环，有

$$\eta = 1 - \frac{T_2}{T_1},\ \varepsilon = \frac{T_2}{T_1 - T_2}$$

2. 热力学第二定律

（1）可逆过程与不可逆过程的概念

（2）热力学第二定律的表述

3. 熵

（1）熵的定义：系统经可逆过程由状态 A 到状态 B，熵的增量为

$$\Delta S = S_B - S_A = \int_A^B \frac{\mathrm{d}Q}{T}$$

（2）熵增加原理：闭系经绝热过程，可逆过程熵不变，不可逆过程熵增加.

（3）熵判据 $\mathrm{d}S \geqslant 0$

（4）玻耳兹曼关系式 $S = k\ln\Omega$

（5）理想气体的熵函数

$$S(T,V) = nC_{V,\mathrm{m}}\ln T + nR\ln V + S_0$$

$$S(p,T) = nC_{p,\mathrm{m}}\ln T - nR\ln p + S_0$$

$$S(p,V) = nC_{p,\mathrm{m}}\ln V + nC_{V,\mathrm{m}}\ln p + S_0$$

难点分析

1. 正确理解内能和熵这两个热力学态函数以及如何灵活运用是本章的难点. 这两个态函数只与状态有关而与过程无关，因此只要初、末状态确定了，由初态到末态的内能的增量与熵的增量也就随之确定了，与具体的过程无关.

2. 计算熵差的方法可以归纳为三种：

（1）对于可逆过程直接按熵的定义式计算；

（2）对于不可逆过程，首先要设计一个连接初、末态的可逆过程，然后再根据熵的定义式计算；

（3）对于理想气体的热力学过程，不管过程是否可逆，都可用理想气体的熵函数代入初、末态的态参量计算.

6.2 习题解答

6-1 空气在压强为 $1.52\times10^5\mathrm{Pa}$、体积为 $5.00\times10^{-3}\mathrm{m}^3$ 时，等温膨胀到压强为 $1.01\times10^5\mathrm{Pa}$，然后等压冷却到原来的体积，试计算空气所做的功.

解　记 $p_1 = 1.52\times10^5\mathrm{Pa}$，$V_1 = 5.00\times10^{-3}\mathrm{m}^3$，$p_2 = 1.01\times10^5\mathrm{Pa}$，由等温过程方程 $p_1V_1 = p_2V_2$，有

$$V_2 = \frac{p_1}{p_2}V_1 = 7.52\times10^{-3}\mathrm{m}^3$$

等温过程气体做功

$$A_1' = p_1V_1\ln\frac{V_2}{V_1} = 311\mathrm{J}$$

等压过程气体做功

$$A_2' = p_2(V_1 - V_2) = -255\mathrm{J}$$

于是，整个过程气体做的功为

$$A' = A_1' + A_2' = 56\mathrm{J}$$

6-2　设气体遵从下列状态方程：

$$pV = A + Bp + Cp^2 + Dp^3 + \cdots$$

其中 A、B、C、D 都是温度的函数．求气体在准静态等温过程中压强由 p_1 增大到 p_2 时所做的功．

解　由题知

$$V = \frac{A}{p} + B + Cp + Dp^2 + \cdots \qquad ①$$

气体做功

$$A' = \int_{V_1}^{V_2} p\mathrm{d}V = p_2V_2 - p_1V_1 - \int_{p_1}^{p_2} V\mathrm{d}p \qquad ②$$

将式①代入式②，有

$$A' = p_2\left(\frac{A}{p_2} + B + Cp_2 + Dp_2^2 + \cdots\right) - p_1\left(\frac{A}{p_1} + B + Cp_1 + Dp_1^2 + \cdots\right)$$
$$-\left[A\ln\frac{p_2}{p_1} + B(p_2 - p_1) + \frac{1}{2}C(p_2^2 - p_1^2) + \frac{1}{3}D(p_2^3 - p_1^3) + \cdots\right]$$
$$= -A\ln\frac{p_2}{p_1} + \frac{1}{2}C(p_2^2 - p_1^2) + \frac{2}{3}D(p_2^3 - p_1^3) + \cdots$$

6-3　在标准状态（温度为 273.15K、压强为 $1.013\times10^5\mathrm{Pa}$）下的 0.016kg 氧气，经过一绝热过程对外做功 80J．求终态的温度、体积和压强．

解　记 $p_1 = 1.013\times10^5\mathrm{Pa}$，$T_1 = 273.15\mathrm{K}$，$V_1 = \dfrac{nRT}{p_1} = 1.12\times10^{-2}\mathrm{m}^3$，$A = -80\mathrm{J}$.

绝热过程中 $Q = 0$，根据 $\Delta E = nC_{V,\mathrm{m}}(T_2 - T_1) = A$ 可得

$$T_2 = \frac{A}{nC_{V,\mathrm{m}}} + T_1 = 265\mathrm{K}$$

由绝热过程方程 $\frac{p_1^{\gamma-1}}{T_1^{\gamma}} = \frac{p_2^{\gamma-1}}{T_2^{\gamma}}$ 及 $\gamma = \frac{7}{5}$ 得

$$p_2 = \left(\frac{T_2}{T_1}\right)^{\frac{\gamma}{\gamma-1}} p_1 = 9.13 \times 10^4 \mathrm{Pa}$$

再由理想气体状态方程，可得

$$V_2 = \frac{nRT_2}{p_2} = 1.2 \times 10^{-2} \mathrm{m}^3$$

6-4 1mol 氢气，在压强为1.0×10^5Pa、温度为293K 时，其体积为V_0. 今使它经以下两种过程达到同一状态：

（1）先保持体积不变，加热到温度为353K，然后令它作等温膨胀，体积变为原来的2 倍；

（2）先使它作等温膨胀至原来体积的 2 倍，然后保持体积不变，加热到353K.

试分别计算以上两种过程中吸收的热量、气体对外做的功和内能的增量，并作 p-V 图 .

解 （1）$a \to b \to c$ 过程

$$Q = C_{V,\mathrm{m}}(T_2 - T_1) + RT_2 \ln \frac{2V_0}{V_0} = 3\ 280\mathrm{J}$$

$$A' = RT_2 \ln \frac{2V_0}{V_0} = 2\ 033\mathrm{J}$$

$$\Delta E = C_{V,\mathrm{m}}(T_2 - T_1) = 1\ 247\mathrm{J}$$

（2）$a \to d \to c$ 过程

$$Q = RT_1 \ln \frac{2V_0}{V_0} + C_{V,\mathrm{m}}(T_2 - T_1) = 2\ 934\mathrm{J}$$

$$A' = RT_1 \ln \frac{2V_0}{V_0} = 1\ 688\mathrm{J}$$

$$\Delta E = 1\ 247\mathrm{J}$$

p-V 图见解图 6-4.

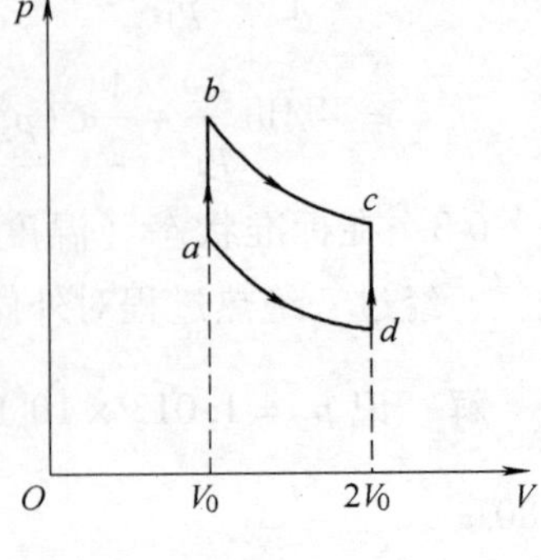

解图 6-4

6-5 某气体经过一个过程，在此过程中压强 p 随体积 V 变化的关系式为

$$p = p_0 \mathrm{e}^{-a(V-V_0)}$$

式中 p_0、V_0、a 为常量．求当其体积由 $3V_0$ 压缩至 $2V_0$ 时外界对气体做的功．

解　外界对气体做的功为

$$A = -\int_{3V_0}^{2V_0} p\mathrm{d}V = \frac{p_0}{a}(\mathrm{e}^{-aV_0} - \mathrm{e}^{-2aV_0})$$

6-6　一定量的单原子理想气体先绝热压缩到原来压强的 9 倍，然后再等温膨胀到原来的体积．试问气体最终的压强是其初始压强的多少倍?

解　设初态为（p_1，V_1），中间态为（p_2，V_2），末态为（p_3，V_3）．由题意知 $\dfrac{p_2}{p_1}=9$，$\gamma=\dfrac{5}{3}$，$V_1=V_3$，对于绝热过程，有

$$p_1 V_1^{\gamma} = p_2 V_2^{\gamma}$$

或

$$\frac{V_2}{V_1} = \left(\frac{p_1}{p_2}\right)^{\frac{1}{\gamma}} \qquad ①$$

对于等温过程，有

$$p_2 V_2 = p_3 V_3 = p_3 V_1$$

或

$$\frac{V_2}{V_1} = \frac{p_3}{p_2} \qquad ②$$

由式①和式②可解得

$$p_3 = \left(\frac{p_1}{p_2}\right)^{\frac{1}{\gamma}} p_2 = 9\left(\frac{p_1}{p_2}\right)^{\frac{1}{\gamma}} p_1 = 2.4p_1$$

即压强变为原来的 2.4 倍．

6-7　1mol 理想气体，在从 273K 等压加热到 373K 时吸收了 3 350J 的热量．求：（1）γ 值；（2）气体内能的增量；（3）气体做的功．

解　（1）由 $Q=nC_{p,\mathrm{m}}(T_2-T_1)$ 得

$$C_{p,\mathrm{m}} = \frac{Q}{n(T_2-T_1)} = 33.5\mathrm{J}\cdot\mathrm{mol}^{-1}\cdot\mathrm{K}^{-1}$$

$$\gamma = \frac{C_{p,\mathrm{m}}}{C_{V,\mathrm{m}}} = \frac{C_{p,\mathrm{m}}}{C_{p,\mathrm{m}}-R} = 1.33$$

（2）$\Delta E = nC_{V,\mathrm{m}}(T_2-T_1) = n(C_{p,\mathrm{m}}-R)\Delta T = 2\,519\mathrm{J}$.

（3）$A=\Delta E - Q = -831\mathrm{J}$. 即气体对外界做功 831J.

6-8　2.0mol 的氦气，起始温度为 300K，体积是 $2.0\times10^{-2}\mathrm{m}^3$．此气体先等压膨胀到原体积的 2 倍，然后作绝热膨胀，至温度恢复到初始温度为止．

（1）在 p-V 图上画出该过程.

（2）在这过程中共吸热多少?

（3）氦气的内能共改变多少?

（4）氦气所做的总功是多少?

（5）最后的体积是多大?

解 （1）为了 p-V 图上画出过程曲线，必须先确定三个状态的参量．初态参量为

$$V_1 = 2.0\times10^{-2}\text{m}^3,\ T_1 = 300\text{K},\ p_1 = \frac{nRT_1}{V_1} = 2.493\times10^5\text{Pa}$$

等压膨胀后的状态参量为

$$p_2 = p_1 = 2.493\times10^5\text{Pa},\ V_2 = 2V_1 = 4.0\times10^{-2}\text{m}^3,\ T_2 = \frac{p_2V_2}{nR} = 600\text{K}$$

绝热膨胀后的温度为 $T_3 = T_1 = 300\text{K}$，根据绝热过程方程 $TV^{\gamma-1}$ = 常量，可得

$$V_3 = \left(\frac{T_2}{T_3}\right)^{\frac{1}{\gamma-1}}V_2 = 0.113\text{m}^3,\ p_3 = \frac{nRT_3}{V_3} = 4.41\times10^4\text{Pa}$$

过程曲线如解图 6-8 所示.

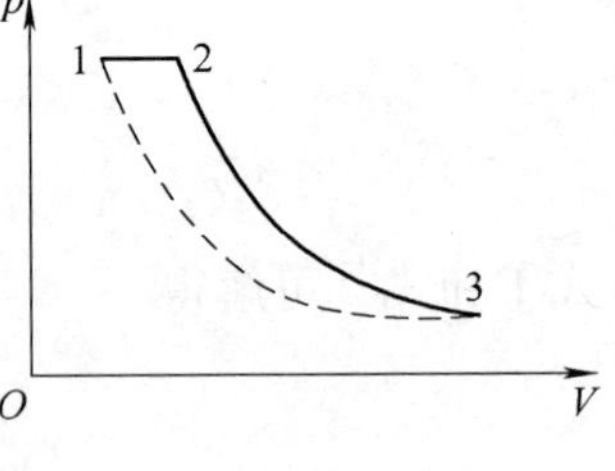

解图 6-8

（2）绝热过程中无热量交换，故总吸热为等压膨胀过程中的吸热

$$Q = nC_{p,\text{m}}(T_2 - T_1) = 1.25\times10^4\text{J}$$

（3）理想气体的内能是温度的单值函数，因系统又回到初始温度，故内能没变化，即 $\Delta E = 0$.

（4）因 $\Delta E = Q + A = 0$，故氦气所做的总功

$$A' = -A = Q = 1.25\times10^4\text{J}$$

（5）前面已经计算出 $V_3 = 0.113\text{m}^3$.

6-9 如习题 6-9 图所示，用绝热壁作成一圆柱形容器．在容器中间放置一无摩擦的、绝热的可移动活塞．活塞两侧盛有相同质量的同种理想气体，开始状态均为 p_0、V_0、T_0. 设气体定体摩尔热容为常量，$\gamma = 1.5$. 将一通电线圈放到活塞左侧气体中，对气体缓慢地加热，左侧气体膨胀同时通过活塞压缩右侧气体，最后使右侧气体的压强增大到 $\frac{27}{8}p_0$. 问:

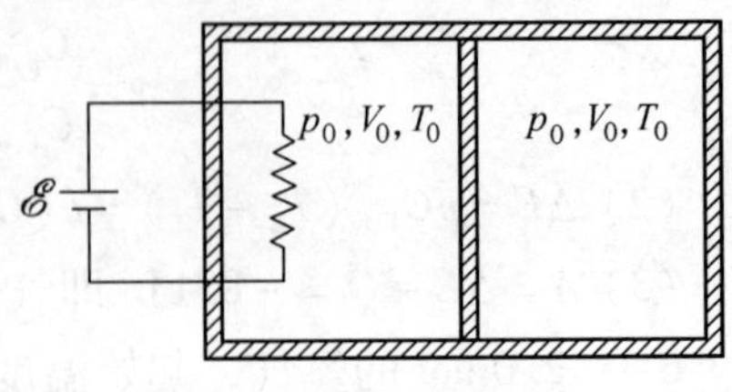

习题 6-9 图

（1）对活塞右侧气体做了多少功?

（2）右侧气体的终温是多少?

（3）左侧气体的终温是多少?

（4）左侧气体吸收了多少热量?

解　设左、右气体的终态为（p_1，V_1，T_1）和（p_2，V_2，T_2）．右侧气体的热力学过程为绝热过程，故有

$$p_0V_0^{\gamma}=p_2V_2^{\gamma}$$

从上式解出 $V_2=\frac{4}{9}V_0$，从而 $V_1=2V_0-V_2=\frac{14}{9}V_0$.

（1）$A=\frac{1}{\gamma-1}(p_2V_2-p_0V_0)=p_0V_0$.

（2）由 $\frac{p_0V_0}{T_0}=\frac{p_2V_2}{T_2}$ 得

$$T_2=\frac{p_2V_2}{p_0V_0}T_0=\frac{3}{2}T_0$$

（3）对左侧气体，有

$$\frac{p_0V_0}{T_0}=\frac{p_1V_1}{T_1}$$

故

$$T_1=\frac{p_1V_1}{p_0V_0}T_0=\frac{21}{4}T_0$$

（4）由热力学第一定律，$\Delta E_1=A_1+Q_1$，从而

$$Q_1=\Delta E_1-A_1=nC_{V,\mathrm{m}}(T_1-T_0)+A$$

$$=n\frac{R}{\gamma-1}(T_1-T_0)+p_0V_0=\frac{19}{2}p_0V_0$$

6-10　习题 6-10 图为 1.0mol 单原子理想气体所经历的循环过程，其中 ab 为等温线，已知 $V_a=3.00\times10^{-3}\mathrm{m}^3$，$V_b=6.00\times10^{-3}\mathrm{m}^3$，求效率．

解　因 $a\rightarrow b$ 为等温过程，故

$$p_b=p_c=\frac{V_a}{V_b}p_a=\frac{1}{2}p_a$$

$$Q_{ab}=p_aV_a\ln\frac{V_b}{V_a}=p_aV_a\ln2>0$$

$$Q_{bc}=nC_{p,\mathrm{m}}(T_2-T_1)=nC_{p,\mathrm{m}}\left(\frac{p_cV_c}{nR}-\frac{p_bV_b}{nR}\right)$$

$$=\frac{C_{p,\mathrm{m}}}{R}(p_cV_a-p_aV_a)=-\frac{C_{p,\mathrm{m}}}{2R}p_aV_a<0$$

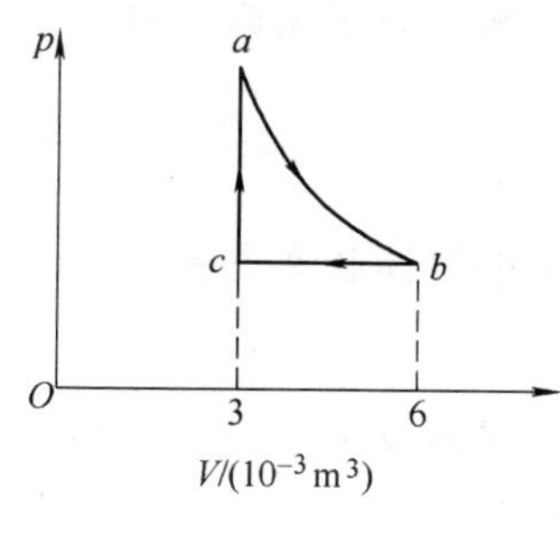

习题 6-10 图

同理 $$Q_{ca}=nC_{V,\mathrm{m}}(T_a-T_c)=\frac{C_{V,\mathrm{m}}}{2R}p_aV_a>0$$

正吸热

$$Q_1=Q_{ab}+Q_{ca}=\left(\ln2+\frac{C_{V,\mathrm{m}}}{2R}\right)p_aV_a=\left(\ln2+\frac{3}{4}\right)p_aV_a$$

负吸热

$$Q_2=Q_{bc}=-\frac{C_{p,\mathrm{m}}}{2R}p_aV_a=-\frac{5}{4}p_aV_a$$

所以效率

$$\eta=1+\frac{Q_2}{Q_1}=1-\frac{\frac{5}{4}}{\frac{3}{4}+\ln2}=13.4\%$$

6-11 一温度为400K的热库在与另一温度为300K的热库的短时间接触中传递给它100J的热量，两热库构成的系统的熵改变了多少？

解 热库之间短时间交换热量不足以改变热库的温度，因此，高温热库的熵变为 $\Delta S_1=-\frac{Q}{T_1}$，低温热库的熵变为 $\Delta S_2=\frac{Q}{T_2}$. 由于熵是广延量，故总熵变为

$$\Delta S=\Delta S_1+\Delta S_2=Q\left(\frac{1}{T_2}-\frac{1}{T_1}\right)=8.33\times10^{-2}\mathrm{J\cdot K^{-1}}$$

6-12 证明理想气体由平衡态（p_1，V_1，T_1）经任意过程到达平衡态（p_2，V_2，T_2）时，熵的增量为

（1）$\Delta S=nC_{p,\mathrm{m}}\ln\frac{T_2}{T_1}-nR\ln\frac{p_2}{p_1}$

（2）$\Delta S=nC_{p,\mathrm{m}}\ln\frac{V_2}{V_1}+nC_{V,\mathrm{m}}\ln\frac{p_2}{p_1}$

解 对于闭系，有

$$\mathrm{d}S=\frac{nC_{V,\mathrm{m}}\mathrm{d}T+p\mathrm{d}V}{T} \quad ①$$

将理想气体状态方程

$$pV=nRT \quad ②$$

两边全微分得

$$p\mathrm{d}V+V\mathrm{d}p=nR\mathrm{d}T \quad ③$$

由式③得

$$p\mathrm{d}V = nR\mathrm{d}T - V\mathrm{d}p \tag{4}$$

由式②得

$$V = \frac{nRT}{p} \tag{5}$$

将式④代入式①得

$$\mathrm{d}S = \frac{nC_{V,\mathrm{m}}\mathrm{d}T + nR\mathrm{d}T - V\mathrm{d}p}{T}$$

再将式⑤代入上式，有

$$\mathrm{d}S = \frac{n(C_{V,\mathrm{m}} + R)\mathrm{d}T}{T} - nR\frac{\mathrm{d}p}{p} = nC_{p,\mathrm{m}}\frac{\mathrm{d}T}{T} - nR\frac{\mathrm{d}p}{p}$$

积分可得

$$\Delta S = nC_{p,\mathrm{m}}\int_{T_1}^{T_2}\frac{\mathrm{d}T}{T} - nR\int_{p_1}^{p_2}\frac{\mathrm{d}p}{p} = nC_{p,\mathrm{m}}\ln\frac{T_2}{T_1} - nR\ln\frac{p_2}{p_1}$$

由式②，有

$$T = \frac{pV}{nR} \tag{6}$$

由式③，有

$$\mathrm{d}T = \frac{1}{nR}(p\mathrm{d}V + V\mathrm{d}p) \tag{7}$$

将式⑥和式⑦代入式①，得

$$\mathrm{d}S = nC_{V,\mathrm{m}}\left(\frac{\mathrm{d}V}{V} + \frac{\mathrm{d}p}{p}\right) + nR\frac{\mathrm{d}V}{V} = nC_{p,\mathrm{m}}\frac{\mathrm{d}V}{V} + nC_{V,\mathrm{m}}\frac{\mathrm{d}p}{p}$$

两边积分，有

$$\Delta S = nC_{p,\mathrm{m}}\ln\frac{V_2}{V_1} + nC_{V,\mathrm{m}}\ln\frac{p_2}{p_1}$$

6-13　如习题6-13图所示，在刚性绝热容器中有一可无摩擦移动而不漏气的导热隔板，将容器分为 A、B 两部分，各盛有1mol的He和 O_2 气．初态He和 O_2 的温度各为 $T_A = 300\mathrm{K}$ 和 $T_B = 600\mathrm{K}$，压强均为 $1.01\times10^5\mathrm{Pa}$.

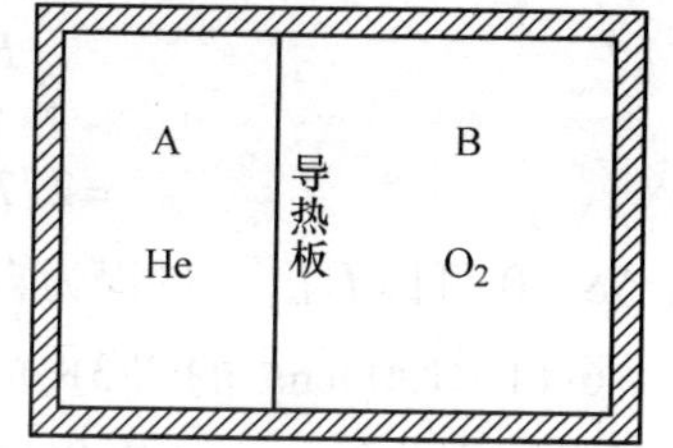

习题6-13图

（1）求整个系统达到平衡时的温度和压强（O_2 可看做是刚性的）；

（2）求整个系统熵的增量．

解　（1）设终态的温度为 T，压强为 p. 将A

与 B 两部分合起来作为一个系统，显然它是一个孤立系．由热力学第一定律，初、终态的内能不变，即

$$\Delta E=\Delta E_{A}+\Delta E_{B}=n_{A}C_{(V,m)A}(T-T_{A})+n_{B}C_{(V,m)B}(T-T_{B})=0$$

利用 $n_A=n_B=1\text{mol}$，从上式解得

$$T=\frac{C_{(V,m)A}T_{A}+C_{(V,m)B}T_{B}}{C_{(V,m)A}+C_{(V,m)B}}=\frac{\frac{3}{2}RT_{A}+\frac{5}{2}RT_{B}}{\frac{3}{2}R+\frac{5}{2}R}=487.5\text{K}$$

设初态 A 和 B 两部分的体积分别为 V_A 和 V_B，终态的体积分别为 V_A'和 V_B'，则按理想气体的状态方程有

$$V_{A}=\frac{RT_{A}}{p_{0}},\quad V_{B}=\frac{RT_{B}}{p_{0}},\quad V_{A}'=\frac{RT}{p},\quad V_{B}'=\frac{RT}{p}$$

系统初态的体积与终态的体积相等，即

$$V_{A}+V_{B}=V_{A}'+V_{B}'$$

则

$$\frac{RT_{A}}{p_{0}}+\frac{RT_{B}}{p_{0}}=\frac{RT}{p}+\frac{RT}{p}$$

从上式解得

$$p=\frac{2T}{T_{A}+T_{B}}p_{0}=1.097\times10^{5}\text{Pa}$$

（2）A 和 B 两部分熵的增量分别为

$$\Delta S_{A}=C_{(p,m)A}\ln\frac{T}{T_{A}}-R\ln\frac{p}{p_{0}}$$

$$\Delta S_{B}=C_{(p,m)B}\ln\frac{T}{T_{B}}-R\ln\frac{p}{p_{0}}$$

式中，$C_{(p,m)A}=\frac{5}{2}R$，$C_{(p,m)B}=\frac{7}{2}R$，故

$$\begin{aligned}\Delta S&=\Delta S_{A}+\Delta S_{B}\\&=\frac{5}{2}R\ln\frac{T}{T_{A}}+\frac{7}{2}R\ln\frac{T}{T_{B}}-2R\ln\frac{p}{p_{0}}\\&=2.73\text{J}\cdot\text{K}^{-1}\end{aligned}$$

从 $\Delta S>0$ 可以看出，过程为自发进行的不可逆过程．

6-14　1.00cm^3 的 373K 的纯水，在 1.01×10^5Pa 下加热，变为 1 671cm^3 的同温度的水蒸气．水的汽化热为 $2.26\times10^6\text{J}\cdot\text{kg}^{-1}$．试求水变成水蒸气后内能的增量和熵的增量．

解　根据热力学第一定律，等温条件下内能的增量与熵的增量分别为

$$\Delta E = Q + A = \lambda \rho V - p\Delta V = 2.09 \times 10^3 \mathrm{J}$$

$$\Delta S = \int \frac{\mathrm{d}Q}{T} = \frac{\lambda \rho V}{T} = 6.06 \mathrm{J} \cdot \mathrm{K}^{-1}$$

6-15　1mol 单原子理想气体由 $T_1 = 300\mathrm{K}$ 可逆地被加热到 $T_2 = 400\mathrm{K}$. 在加热过程中气体的压强随温度按下列规律改变：

$$p = p_0 \mathrm{e}^{\alpha T}$$

其中 $\alpha = 1.00 \times 10^{-3} \mathrm{K}^{-1}$. 试确定气体在加热时所吸收的热量 Q.

解　对于理想气体，有

$$\mathrm{d}S = nC_{p,\mathrm{m}} \frac{\mathrm{d}T}{T} - nR \frac{\mathrm{d}p}{p}$$

$$\mathrm{d}Q = T\mathrm{d}S = nC_{p,\mathrm{m}} \mathrm{d}T - nRT \frac{\mathrm{d}p}{p} = nC_{p,\mathrm{m}} \mathrm{d}T - \alpha nRT\mathrm{d}T$$

积分可得

$$Q = nC_{p,\mathrm{m}}(T_2 - T_1) - \frac{1}{2}\alpha nR(T_2^2 - T_1^2) = 1.79 \times 10^3 \mathrm{J}$$

第 7 章　液体的表面性质

7.1　重点与难点

重点内容

1. 表面张力

（1）表面张力现象

（2）表面张力系数的定义

$$\sigma = \frac{f}{l};\ \sigma = \frac{dA}{dS};\ \sigma = \frac{dE}{dS}$$

2. 球形液面的附加压强

$$\Delta p = \frac{2\sigma}{R}$$

3. 毛细现象

（1）润湿和不润湿

（2）毛细管中液面升降的高度

$$h = \frac{2\sigma\cos\theta}{\rho g r}$$

难点分析

从微观上讲，表面张力起因于分子力. 初学者必须通过深入思考来理解表面张力的成因，以及表面张力的方向为什么与液面相切.

解题过程中常常要用到流体静力学的压强公式 $\Delta p = \rho g h$，这样可以省略受力分析的步骤.

7.2　习题解答

7-1　液体的等温压缩系数定义为

$$\beta = -\frac{1}{V}\frac{dV}{dp}$$

假设液体对空气的表面张力系数为σ，试导出半径为r的液滴的密度随σ和β的变化关系式.

解　对于质量为$m=\rho V$的液体，当它的体积V变化时，密度ρ也随之变化，但维持质量不变. 因此有

$$dm = Vd\rho + \rho dV = 0$$

由此得出

$$\frac{dV}{V} = -\frac{d\rho}{\rho} \quad ①$$

根据压缩系数的定义，有

$$\beta = -\frac{1}{V}\frac{dV}{dp} = -\frac{dV}{V}\frac{1}{dp} \quad ②$$

将式①代入式②，得

$$\frac{d\rho}{\rho} = \beta dp \quad ③$$

考虑到球形液面的附加压强，半径为r的球形液体内部压强p为

$$p = p_0 + \frac{2\sigma}{r}$$

所以

$$dp = -\frac{2\sigma}{r^2}dr \quad ④$$

将式④代入式③，有

$$\frac{d\rho}{\rho} = -\frac{2\sigma\beta}{r^2}dr$$

设$r\to\infty$时密度为ρ_0，上式从ρ_0到ρ积分，得

$$\rho = \rho_0 \exp\left(\frac{2\sigma\beta}{r}\right)$$

这就是半径为r的液滴的密度随σ和β变化的关系式.

7-2　在一根竖直插入水中的毛细管内，管内水面高出管外$h_1=6.5$cm. 若将此管插入水银中，管内外水银液面的高度差是多大？已知水的表面张力系数为$7.3\times10^{-2}\mathrm{N\cdot m^{-1}}$，与管壁的接触角为0；水银的表面张力系数为$0.49\mathrm{N\cdot m^{-1}}$，与管壁的接触角为135°，水银的密度为$13.6\times10^{3}\mathrm{kg\cdot m^{-3}}$.

解 由公式 $h=\dfrac{2\sigma\cos\theta}{\rho g r}$，得

$$\frac{h_2}{h_1}=\frac{\sigma_2\cos\theta_2\rho_1}{\sigma_1\cos\theta_1\rho_2}$$

则
$$h_2=\frac{\sigma_2\cos\theta_2\rho_1}{\sigma_1\cos\theta_1\rho_2}h_1=-2.27\text{cm}$$

式中负号表示管内水银的液面低于管外水银的液面.

7-3 筛子上涂上一层石蜡后，其小孔的半径变为 $r=1.50\text{mm}$，若注意到水完全不润湿石蜡，试确定为了不让水流出小孔，筛子里可能蓄存的水层的高度 h. 水的表面张力系数 $\sigma=7.3\times10^{-2}\text{N}\cdot\text{m}^{-1}$.

解 由于水不润湿石蜡，筛孔底部的水面呈半球形（解图 7-3），压强比外部压强大$\dfrac{2\sigma}{r}$. 根据流体静力学原理，有

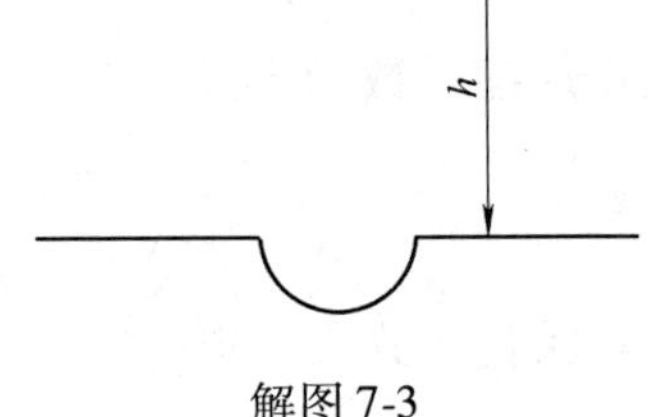

解图 7-3

$$\rho g h=\frac{2\sigma}{r}$$

所以筛子里可能蓄存的水层的高度

$$h=\frac{2\sigma}{\rho g r}=9.93\times10^{-3}\text{m}$$

7-4 把一个毛细管插入水中，使它的下端在水面下 h 处，管内水位比周围液面高 Δh，而且接触角为零. 问要在管的下端吹出一个半球形气泡所需压强是多大?

解 由题意，$\Delta h=\dfrac{2\sigma\cos\theta}{\rho g r}$，因此

$$r=\frac{2\sigma\cos\theta}{\rho g\Delta h}=\frac{2\sigma}{\rho g\Delta h} \qquad ①$$

由于球形液面存在附加压强，所以要在管的下端吹出一个半球形气泡，需要提供高于大气压的压强为

$$p=\rho g h+\frac{2\sigma}{r} \qquad ②$$

将式①代入式②可得

$$p=\rho g(h+\Delta h)$$

7-5 在内直径 $d_1=2.00\text{mm}$ 的玻璃细管内，插入一根直径 $d_2=1.50\text{mm}$ 的玻璃棒，棒与细管同轴. 若水与玻璃为完全润湿，试确定在管和棒之间的环状间隙

内，由于毛细作用水上升的高度. 水的表面张力系数 $\sigma = 7.3 \times 10^{-2} \mathrm{N \cdot m^{-1}}$.

解　完全润湿时接触角为零. 如解图 7-5 所示，考虑高出外部水面的这部分水，受到向下的力包括重力

$$F_1 = \pi\left[\left(\frac{d_1}{2}\right)^2 - \left(\frac{d_2}{2}\right)^2\right]hg\rho \qquad ①$$

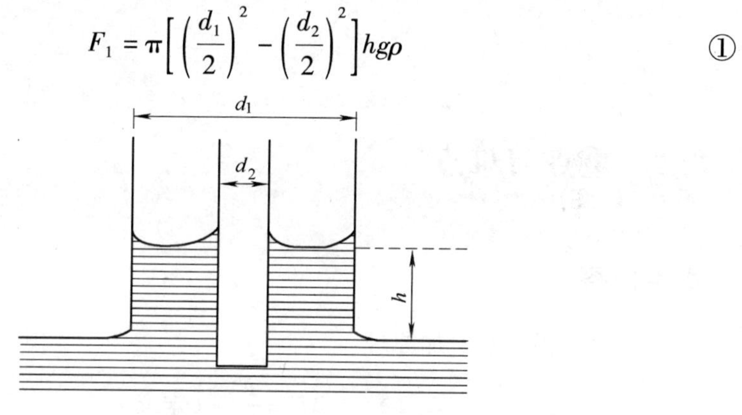

解图 7-5

和外部大气的压力

$$F_2 = \pi\left[\left(\frac{d_1}{2}\right)^2 - \left(\frac{d_2}{2}\right)^2\right]p_0 \qquad ②$$

向上的力包括玻璃棒由于表面张力反作用于液面的拉力

$$F_3 = \sigma\pi d_2 \qquad ③$$

玻璃管内壁对液面的拉力

$$F_4 = \sigma\pi d_1 \qquad ④$$

以及此部分水下部压强形成的向上的托力

$$F_5 = p_0\pi\left[\left(\frac{d_1}{2}\right)^2 - \left(\frac{d_2}{2}\right)^2\right] \qquad ⑤$$

因液面静止，所以竖直方向的合外力为零，即

$$F_1 + F_2 = F_3 + F_4 + F_5$$

将式①、式②、式③、式④和式⑤代入上式可得

$$h = \frac{4\sigma}{(d_1 - d_2)\rho g} = 5.96 \times 10^{-2} \mathrm{m}$$

第 8 章　静　电　场

8.1　重点与难点

重点内容

1. 电场强度及叠加原理

$$\boldsymbol{E}=\frac{\boldsymbol{F}}{q_0}\quad（定义）$$

$$\boldsymbol{E}=\sum_i \frac{q_i}{4\pi\varepsilon_0 r^3}\boldsymbol{r}\quad（点电荷系）$$

$$\boldsymbol{E}=\int \frac{\mathrm{d}q}{4\pi\varepsilon_0 r^3}\boldsymbol{r}\quad（连续带电体）$$

2. 静电场的性质

（1）有源性

$$\oint_S \boldsymbol{E}\cdot\mathrm{d}\boldsymbol{S}=\frac{1}{\varepsilon_0}\sum q_i\quad（静电场的高斯定理）$$

（2）保守性

$$\oint_L \boldsymbol{E}\cdot\mathrm{d}\boldsymbol{l}=0\quad（静电场的环路定理）$$

3. 电势

（1）电势的定义

$$U_A-U_B=\int_A^B \boldsymbol{E}\cdot\mathrm{d}\boldsymbol{l}$$

若选取无穷远点为零电势参考点，则场中 P 点的电势为 $U_P=\int_P^\infty \boldsymbol{E}\cdot\mathrm{d}\boldsymbol{l}$.

（2）电势的叠加原理

电势为标量，满足标量的叠加原理

$$U=\int \frac{\mathrm{d}q}{4\pi\varepsilon_0 r}$$

（3）场强与电势的关系

$$\boldsymbol{E} = -\nabla U(\boldsymbol{r})$$

即电场强度等于电势的负梯度．在空间直角坐标系中上式可表示为

$$\boldsymbol{E} = -\frac{\partial U}{\partial x}\boldsymbol{i} - \frac{\partial U}{\partial y}\boldsymbol{j} - \frac{\partial U}{\partial z}\boldsymbol{k}$$

4. 电容　电容器

电容的定义式：$C = \dfrac{Q}{\Delta U}$，据此可以计算出一些常见电容器的电容量．

5. 电介质

（1）电介质的极化机制：取向极化与位移极化．

（2）极化的宏观表现：产生退极化场，形成宏观电偶极矩，出现极化电荷．

（3）线性极化介质中高斯定理的一般形式

$$\oint_S \boldsymbol{D} \cdot \mathrm{d}\boldsymbol{S} = \sum_i q_i$$

式中，$\sum_i q_i$ 为闭合曲面 S 中所包围的所有自由电荷的代数和，$\boldsymbol{D} = \varepsilon_0 \varepsilon_r \boldsymbol{E} = \varepsilon \boldsymbol{E}$.

6. 静电场的能量

能量密度　$w_e = \dfrac{1}{2}\boldsymbol{D} \cdot \boldsymbol{E}$

体积 V 中的电场能　$W_e = \displaystyle\int_V \frac{1}{2}\boldsymbol{D} \cdot \boldsymbol{E} \mathrm{d}V$

难点分析

与静电场有关的问题通常归结为电场强度或电势分布的计算．

计算场强的方法：（1）利用场强的叠加原理；（2）利用高斯定理；（3）由电势负梯度计算．

计算电势（差）的方法：（1）根据电势的定义；（2）利用电势的标量叠加原理．

读者应根据具体问题灵活选择适当的方法．一般而言，利用高斯定理计算场强较为简单，但要求电荷分布具有某种空间对称性；用场强的叠加原理计算电场分布时，应该解决矢量积分或求和问题；而利用电势梯度计算电场分布的方法虽然可能会增加一定的工作量，但降低了难度，因为它避免了矢量求和或积分问题．已知电场分布求电势分布时，用定义计算较方便，已知电荷分布求电势分布时用电势的叠加原理较为直接．

8.2 习题解答

8-1 两个带电荷量都是 q 的点电荷，彼此相距为 l，其连线中点为 O，现将另一点电荷 Q 放置在连线中垂面上距 O 点为 x 处.

（1）求点电荷 Q 受的力；

（2）若点电荷 Q 开始是静止的，然后让它自由运动，它将如何运动？分别就 Q 和 q 同号或异号两种情况加以讨论.

解 （1）两个电荷 q 对电荷 Q 的作用力的方向如解图 8-1 所示，合力 $\boldsymbol{F}$ 沿 x 轴方向，大小为

$$F=\frac{2}{4\pi\varepsilon_0}\frac{qQ}{x^2+l^2/4}\cos\alpha=\frac{1}{2\pi\varepsilon_0}\frac{qQx}{(x^2+l^2/4)^{3/2}}$$

（2）当 q 与 Q 同号时，Q 将沿 x 轴正方向运动，直至无穷远；当 q 与 Q 异号时，Q 将以 O 点为平衡位置，沿 x 轴振动.

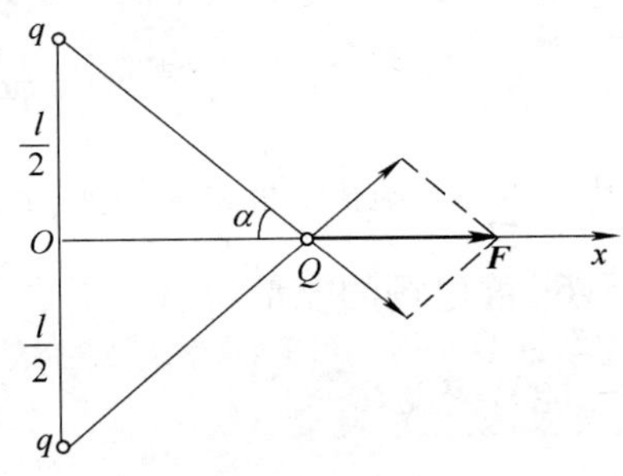

解图 8-1

8-2 把电偶极矩 $p=ql$ 的电偶极子放在点电荷 Q 的电场中，电偶极子的中心 O 点到 Q 的距离为 $r(r\gg l)$. 分别求 $\boldsymbol{p}/\!/QO$（见习题 8-2 图 a）和 $\boldsymbol{p}\perp QO$（见习题 8-2 图 b）时电偶极子所受的力和力矩.

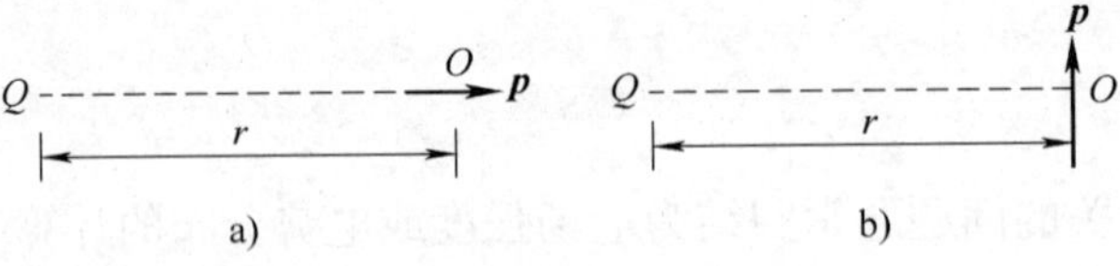

习题 8-2 图

解 对于 $\boldsymbol{p}/\!/QO$ 的情形，电偶极子受的力为

$$F=\frac{Qq}{4\pi\varepsilon_0(r+l/2)^2}-\frac{Qq}{4\pi\varepsilon_0(r-l/2)^2}$$

考虑到 $r\gg l$，上式可以近似为

$$F\approx-\frac{Qql}{2\pi\varepsilon_0 r^3}=-\frac{2pQ}{4\pi\varepsilon_0 r^3}$$

负号表示引力. 以 Q 为参考点，力矩 $\boldsymbol{M}=\boldsymbol{r}\times\boldsymbol{F}=0$.

对于 $\boldsymbol{p}\perp QO$ 的情形，电偶极子受的力在其 QO 连线方向的分量为零，垂直

方向的分量大小为

$$F=\frac{2Qq}{4\pi\varepsilon_0(r^2+l^2/4)}\frac{l/2}{\sqrt{r^2+l^2/4}}$$

利用 $r>>l$，上式可以近似为

$$F\approx\frac{Qql}{4\pi\varepsilon_0 r^3}=\frac{pQ}{4\pi\varepsilon_0 r^3}$$

方向指向 $\boldsymbol{p}$. 以 Q 为参考点的力矩的大小为

$$M=|\boldsymbol{r}\times\boldsymbol{F}|=\frac{pQ}{4\pi\varepsilon_0 r^2}$$

8-3　一点电荷 q 距导体球壳（半径为 R）的球心 $3R$，求导体球壳上的感应电荷在球壳球心处的电场强度矢量和电势 .

解　根据电场强度叠加原理，球心处的电场强度为点电荷 q 与球壳上的感应电荷在球心处产生的电场强度的矢量和 . 但由静电平衡条件知，导体球壳内的电场强度处处为零 . 所以导体球壳上的感应电荷在球心处的电场强度与点电荷 q 在同一点的电场强度大小相等而方向相反 . 感应电荷的电场强度方向如解图 8-3 所示 .

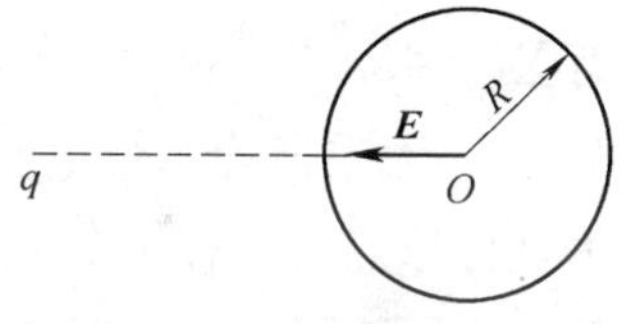

解图 8-3

电场强度大小为

$$E=\frac{q}{4\pi\varepsilon_0(3R)^2}=\frac{q}{36\pi\varepsilon_0 R^2}$$

因感应电荷的代数和 $q'=0$，故其在球心处的电势

$$U=\frac{q'}{4\pi\varepsilon_0 R}=0$$

8-4　均匀电场 $\boldsymbol{E}$ 和半径为 a 的半球面的轴线平行，试计算通过此半球面的电通量 .

解　半球面的边界线为以球心为圆心、以球面半径为半径的圆 . 此圆平面与半球面构成一封闭曲面 . 由高斯定理，均匀电场对此封闭曲面的电通量为零，即

$$\oint\boldsymbol{E}\cdot\mathrm{d}\boldsymbol{S}=\Phi_{\mathrm{e}}-\pi a^2E=0$$

因此，通过半球面的电通量为 $\Phi_{\mathrm{e}}=\pi a^2E$.

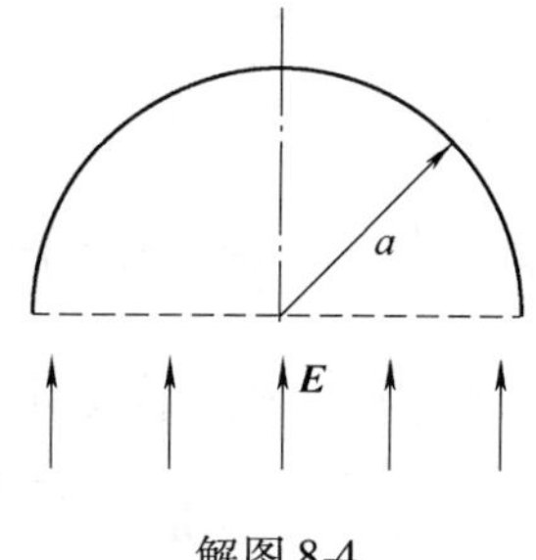

解图 8-4

8-5　如果在空间直角坐标系中，电场的分布为 $\boldsymbol{E}=5\boldsymbol{i}+(8+4y)\boldsymbol{j}$，则以坐标原点为中心的边长为 1 的立方体内的总电荷量为多少?

解　根据高斯定理 $\oint \boldsymbol{E}\cdot \mathrm{d}\boldsymbol{S}=\dfrac{\sum q}{\varepsilon_0}$，有

$$\oint \boldsymbol{E}\cdot \mathrm{d}\boldsymbol{S} = \int E_x \mathrm{d}S_x + \int E_y \mathrm{d}S_y + \int E_z \mathrm{d}S_z = \frac{\sum q}{\varepsilon_0}$$

由于电场强度在 x、z 方向的分量大小不变，所以 x、z 轴方向的电通量为零，即

$$\int E_x \mathrm{d}S_x = 0, \quad \int E_z \mathrm{d}S_z = 0$$

y 轴方向的电通量为

$$\int E_y \mathrm{d}S_y = \left\{-\left[8+4\times\left(\frac{-1}{2}\right)\right]\times 1^2 + \left(8\times 4\times\frac{1}{2}\right)\times 1^2\right\}\mathrm{V}\cdot\mathrm{m} = 4\mathrm{V}\cdot\mathrm{m}$$

所以有 $\sum q=4\varepsilon_0$.

8-6　一无限长均匀带电直线位于 x 轴上，电荷线密度为 $30\mu\mathrm{C}\cdot\mathrm{m}^{-1}$，通过球心为坐标原点、半径为 3m 的球面的电通量为多少?

解　由题意可知，半径 3m 的球面内包含的电荷为 $\sum q=180\mu\mathrm{C}$. 于是，根据高斯定理，所求的电通量为

$$\oint \boldsymbol{E}\cdot \mathrm{d}\boldsymbol{S}=\frac{\sum q}{\varepsilon_0}=2.03\times 10^7\mathrm{V}\cdot\mathrm{m}$$

8-7　两个均匀带电的同轴无限长金属圆筒，半径分别为 R_1 和 R_2. 设在内、外筒的相对两面上所带电量的面密度分别为 $+\sigma$ 和 $-\sigma$，求空间的电场强度分布.

解　取半径为 r，高为 h 的同轴圆柱面为高斯面，如解图 8-7 所示.

$r<R_1$ 时，$\oint \boldsymbol{E}\cdot \mathrm{d}\boldsymbol{S}=\dfrac{\sum q}{\varepsilon_0}=0$，因此 $E=0$.

$R_1<r<R_2$ 时，由高斯定理，有

$$\oint \boldsymbol{E}\cdot \mathrm{d}\boldsymbol{S} = 2\pi r h E = \frac{2\pi R_1 h\sigma}{\varepsilon_0}$$

由上式可得

$$E=\frac{\sigma R_1}{\varepsilon_0 r}$$

$r>R_2$ 时，根据高斯定理，有

$$2\pi r h E=\frac{2\pi R_1\sigma h-2\pi R_2\sigma h}{\varepsilon_0}$$

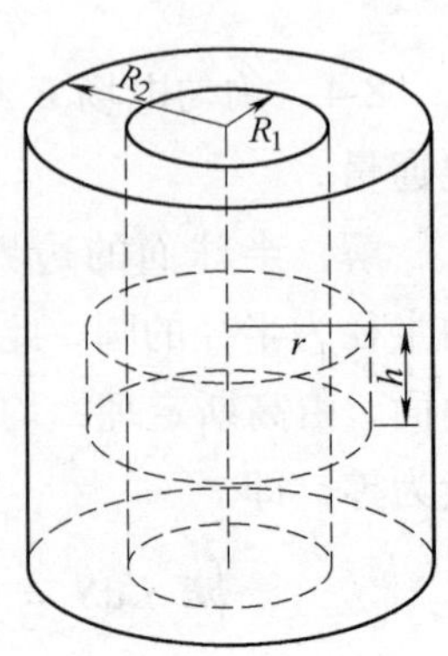

解图 8-7

于是

$$E=\frac{\sigma(R_1-R_2)}{\varepsilon_0 r}$$

综上所述，有

$$\boldsymbol{E}=\begin{cases}0, & r<R_1\\ \dfrac{\sigma R_1}{\varepsilon_0 r^2}\boldsymbol{r}, & R_1<r<R_2\\ \dfrac{\sigma(R_1-R_2)}{\varepsilon_0 r^2}\boldsymbol{r}, & r>R_2\end{cases}$$

8-8 一厚度为 d 的无限大平板，平板内均匀带电，体电荷密度为 ρ，求板内外的电场强度分布．

解 取高斯面为高 $2|x|$，底面积为 ΔS 的柱面，如解图 8-8 所示．在平板内，$|x|<d/2$，由高斯定理有

$$\oint\boldsymbol{E}\cdot\mathrm{d}\boldsymbol{S}=2E\Delta S=\frac{2|x|\Delta S\rho}{\varepsilon_0}$$

因此，$E=\dfrac{\rho|x|}{\varepsilon_0}$.

平板外侧，$|x|>d/2$，高斯定理写做

$$2E\Delta S=\frac{\rho\Delta Sd}{\varepsilon_0}$$

电场强度为

$$E=\frac{\rho d}{2\varepsilon_0}$$

解图 8-8

用矢量表示为

$$\boldsymbol{E}=\begin{cases}\dfrac{\rho x}{\varepsilon_0}\boldsymbol{i}, & |x|<d/2\\ \dfrac{\rho d}{2\varepsilon_0}\dfrac{x}{|x|}\boldsymbol{i}, & |x|\geqslant d/2\end{cases}$$

8-9 根据量子理论，氢原子中心是一个带正电 q_0 的原子核（可看成是点电荷），外面是带负电的电子云，在正常状态（核外电子处在 s 态）下，电子云的电荷密度分布是球对称的：

$$\rho(r)=-\frac{q_0}{\pi a_0^3}\mathrm{e}^{-2r/a_0}$$

式中 a_0 为常量（玻尔半径）. 求原子的电场强度分布.

解 选以原子核为球心、半径为 r 的球面为高斯面. 此球面内的总电荷为

$$q = q_0 + \int_0^r \rho 4\pi r^2 \mathrm{d}r = q_0 + 4\pi \int_0^r \left(-\frac{q_0}{\pi a_0^3}\mathrm{e}^{-2r/a_0}\right) r^2 \mathrm{d}r$$

$$= \frac{1}{a_0^2}(a_0^2 + 2ra_0 + 2r^2) q_0 \mathrm{e}^{-2r/a_0}$$

由高斯定理有

$$\oint \boldsymbol{E} \cdot \mathrm{d}\boldsymbol{S} = 4\pi r^2 E = \frac{q}{\varepsilon_0}$$

因此

$$E = \frac{q_0}{4\pi\varepsilon_0 a_0^2}\left(\frac{a_0^2}{r^2} + \frac{2a_0}{r} + 2\right)\mathrm{e}^{-2r/a_0}$$

8-10 习题8-10图中显示的是示波器的竖直偏转系统，加电压于两极板，在两极板间产生均匀电场 $\boldsymbol{E}$，设电子质量为 m，电荷为 e，它以速度 $\boldsymbol{v}_0$ 射入电场中，$\boldsymbol{v}_0$ 与 $\boldsymbol{E}$ 垂直. 试讨论电子运动的轨迹.

解 电子在两极板间的电场中受到电场力 $\boldsymbol{F} = -e\boldsymbol{E}$ 的作用，它的加速度为 $\boldsymbol{a} = \frac{-e\boldsymbol{E}}{m}$.

以电子进入电场的瞬间作为计时零点，并以该时刻电子的位置作为坐标原点，电子的运动方程为

$$\begin{cases} x = v_0 t \\ y = -\dfrac{1}{2}\dfrac{eE}{m}t^2 \end{cases}$$

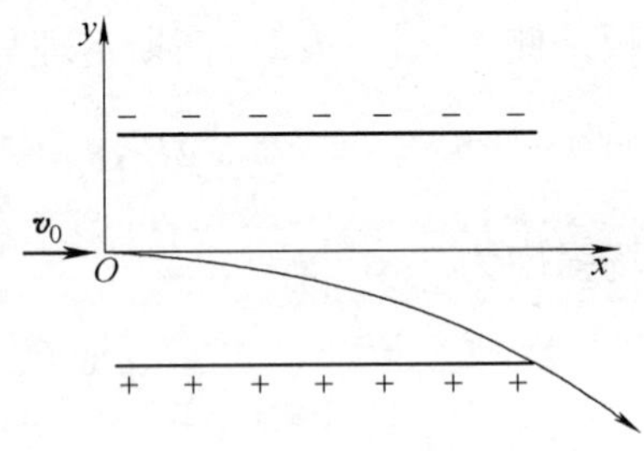

习题 8-10 图

从中消去 t 可得电子的轨道方程

$$y = \frac{-eE}{2mv_0^2}x^2$$

这是一段抛物线.

8-11 一示波器中阳极与阴极之间的电压是 3 000V，求从阴极发射的电子（初速为零）到达阳极时的速度. 电子质量 $m = 9.11 \times 10^{-31}$ kg.

解 电子在阳极与阴极之间的电场作用下由静止加速运动，到达阳极时其动能等于电场力对它做的功，即

$$eU = \frac{1}{2}mv^2$$

所以到达阳极时的速率

$$v=\sqrt{\frac{2eU}{m}}=3.25\times10^{2}\mathrm{m\cdot s^{-1}}$$

8-12 在夏季雷雨中，通常一次闪电里两点间的电势差约为 10×10^{10}V，通过的电荷量约为30C. 问一次闪电消耗的能量是多少？如果用这些能量来烧水，能把多少水从0℃加热到100℃？

解 一次闪电消耗的能量为 $W=q\Delta U=3.0\times10^{11}$J.

设这些能量可将质量为 m 的水从0℃加热到100℃，则有 $W=cm\Delta T$，于是

$$m=\frac{W}{c\Delta T}=7.2\times10^{5}\mathrm{kg}$$

8-13 如习题8-13图所示，$AB=2R$，$\overset{\frown}{CDE}$ 是以 B 为中心、R 为半径的圆弧，A 点放置正点电荷 q，B 点放置负电荷 $-q$.

(1) 把单位正电荷从 C 点沿 $\overset{\frown}{CDE}$ 移到 D 点，电场力对它做了多少功？

(2) 把单位负电荷从 E 点沿 AB 的延长线移到无穷远处，电场力对它做了多少功？

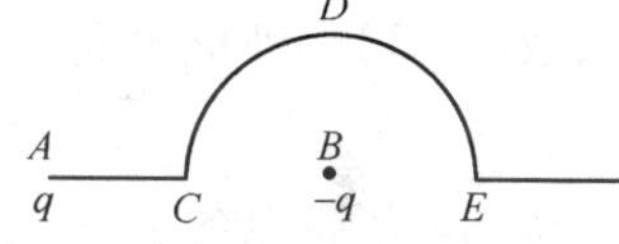

习题8-13图

解 (1) 设无限远处为零电势参考位置，则 $U_C=0$. 根据静电场力做功与路径无关的特点，有

$$A_{CD}=U_{CD}=-U_D=-\frac{1}{4\pi\varepsilon_0}\left(\frac{q}{\sqrt{5}R}+\frac{-q}{R}\right)$$

$$=\frac{\sqrt{5}-1}{\sqrt{5}}\frac{q}{4\pi\varepsilon_0 R}$$

(2) 把单位负电荷从 E 点沿 AB 的延长线移到无穷远处，电场力的功

$$A_E=-U_E=-\frac{1}{4\pi\varepsilon_0}\left(\frac{q}{3R}+\frac{-q}{R}\right)=\frac{q}{6\pi\varepsilon_0 R}$$

8-14 求均匀带电球体的电场分布. 已知球半径为 R，所带总电荷量为 q. 铀核可视为带有 $92e$ 的均匀带电球体，半径为 7.4×10^{-15}m，求其表面的电场强度.

解 基于电荷分布呈中心对称性，选取与带电球体同心的半径为 r 的球面为高斯面，如解图8-14所示. 通过高斯面的电通量为

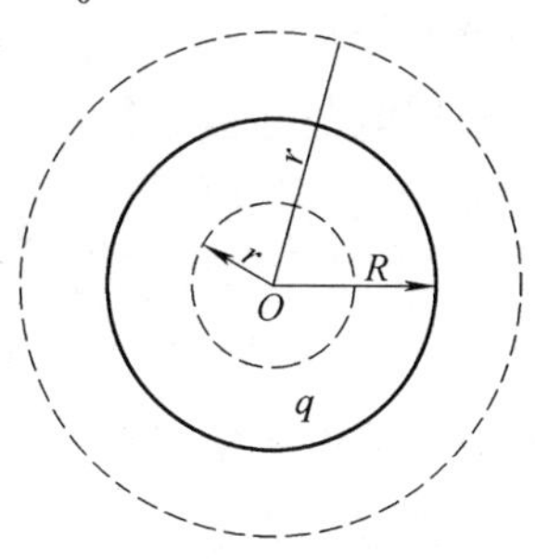

解图8-14

$$\oint \boldsymbol{E} \cdot d\boldsymbol{S} = 4\pi r^2 E$$

由高斯定理$\oint \boldsymbol{E} \cdot d\boldsymbol{S} = \frac{\sum q}{\varepsilon_0}$，得

$$4\pi r^2 E = \begin{cases} \frac{r^3}{R^3}\frac{q}{\varepsilon_0}, & r < R \\ \frac{q}{\varepsilon_0}, & r > R \end{cases}$$

于是有

$$\boldsymbol{E} = \begin{cases} \frac{q\boldsymbol{r}}{4\pi\varepsilon_0 R^3}, & r < R \\ \frac{q\boldsymbol{r}}{4\pi\varepsilon_0 r^3}, & r > R \end{cases}$$

代入数值，可得铀核表面的电场强度为$2.4 \times 10^{21} \text{V} \cdot \text{m}^{-1}$.

8-15　在氢原子中，正常状态下电子到质子的距离为5.29×10^{-11}m，已知氢原子核和电子带电各为$\pm e$，把氢原子中的电子从正常态下离核的距离拉到无穷远处所需的能量称为氢原子的电离能．求此电离能是多少焦耳？多少电子伏特？

解　当电子从正常态下离核的距离拉到无穷远时电场力做的功为$A = -eU_0$，电离能是反抗电场力做的功，即

$$W = -A = eU_0 = \frac{e^2}{4\pi\varepsilon_0 r_0} = 4.35 \times 10^{-18}\text{J} = 27.2\text{eV}$$

8-16　有一块大金属板，面积为S，带有总电荷量Q，今在其近旁平行地放置第二块大金属板，此板原来不带电．求静电平衡时，金属板上的电荷分布及周围空间的电场分布．忽略金属板的边缘效应．

解　静电平衡时，导体内部无净余电荷，电荷只能分布于两块金属板的表面上．忽略金属板的边缘效应，这些电荷可认为是均匀分布的．设四个板面上的电荷面密度分别为σ_1、σ_2、σ_3和σ_4，如解图8-16所示．

根据电荷守恒定律可知

$$\sigma_1 + \sigma_2 = \frac{Q}{S} \quad ①$$

$$\sigma_3 + \sigma_4 = 0 \quad ②$$

由导体的静电平衡条件，对于金属板内任意两点A和B，其电场强度均为零，即

解图 8-16

$$E_A=\frac{\sigma_1}{\varepsilon_0}-\frac{\sigma_2}{\varepsilon_0}-\frac{\sigma_3}{\varepsilon_0}-\frac{\sigma_4}{\varepsilon_0}=0 \quad ③$$

$$E_B=\frac{\sigma_1}{\varepsilon_0}+\frac{\sigma_2}{\varepsilon_0}+\frac{\sigma_3}{\varepsilon_0}-\frac{\sigma_4}{\varepsilon_0}=0 \quad ④$$

由式①、式②、式③和式④可以解得

$$\sigma_1=\frac{Q}{2S},\quad \sigma_2=\frac{Q}{2S},\quad \sigma_3=-\frac{Q}{2S},\quad \sigma_4=\frac{Q}{2S}$$

由此可求得空间各区域的电场强度分布如下：

Ⅰ区：$E_1=\frac{Q}{2\varepsilon_0 S}$，方向向左；

Ⅱ区：$E_2=\frac{Q}{2\varepsilon_0 S}$，方向向右；

Ⅲ区：$E_3=\frac{Q}{2\varepsilon_0 S}$，方向向右．

8-17　求均匀带电细圆环轴线上的电势和场强分布．设圆环半径为R，带电荷量为Q.

解　以轴线为x轴，圆心为原点，在轴线上任取一点P，其坐标为x. P点到圆环上任一点$\mathrm{d}l$的距离为r，显然

$$r=\sqrt{R^2+x^2}$$

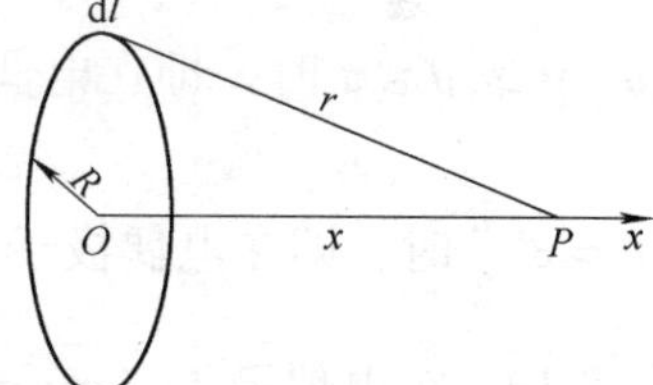

解图8-17

根据电势的叠加原理，P点的电势为

$$U(x)=\int\frac{\mathrm{d}q}{4\pi\varepsilon_0 r}=\frac{\lambda}{4\pi\varepsilon_0 r}\oint\mathrm{d}l=\frac{Q}{4\pi\varepsilon_0\sqrt{R^2+x^2}}$$

由电势分布求场强分布，有

$$\boldsymbol{E}=-\frac{\mathrm{d}U}{\mathrm{d}x}\boldsymbol{i}=\frac{Qx}{4\pi\varepsilon_0(R^2+x^2)^{3/2}}\boldsymbol{i}$$

8-18　利用电偶极子电势公式$U=\frac{1}{4\pi\varepsilon_0}\frac{p\cos\theta}{r^2}$，求其场强分布．

解　利用

$$r=\sqrt{x^2+y^2},\quad \cos\theta=\frac{x}{\sqrt{x^2+y^2}}$$

将极坐标系表示的电势分布

$$U=\frac{p\cos\theta}{4\pi\varepsilon_0 r^2}$$

化为直角坐标系表示，得

$$U(x,y)=\frac{px}{4\pi\varepsilon_0(x^2+y^2)^{3/2}}$$

由电势与电场强度的关系，得

$$E_x=-\frac{\partial U}{\partial x}=-\frac{p}{4\pi\varepsilon_0}\left[\frac{1}{(x^2+y^2)^{3/2}}-\frac{3x^2}{(x^2+y^2)^{5/2}}\right]$$

$$E_y=-\frac{\partial U}{\partial y}=\frac{3p_e xy}{4\pi\varepsilon_0(x^2+y^2)^{5/2}}$$

$$E=(E_x^2+E_y^2)^{1/2}=\frac{p(4x^2+y^2)^{1/2}}{4\pi\varepsilon_0(x^2+y^2)^2}$$

将 $r^2=x^2+y^2$，$x=r\cos\theta$，$y=r\sin\theta$ 代入上式得

$$E=\frac{p}{4\pi\varepsilon_0 r^3}\sqrt{1+3\cos^2\theta}$$

当 $\theta=0$ 或 $\theta=\pi$ 时，即在电偶极子的延长线上，有 $E=\dfrac{p}{2\pi\varepsilon_0 x^3}$；

当 $\theta=\pm\dfrac{\pi}{2}$时，即在电偶极子的中垂面上，有 $E=\dfrac{p}{4\pi\varepsilon_0 y^3}$.

8-19　求电偶极子（$p=ql$）在均匀外电场中（习题 8-19 图）的电势能.

解　均匀电场中电偶极子正负电荷所在位置的电势差为

$$U_+-U_-=\int_+^- \boldsymbol{E}\cdot d\boldsymbol{l}=El\cos(\pi-\theta)$$
$$=-El\cos\theta$$

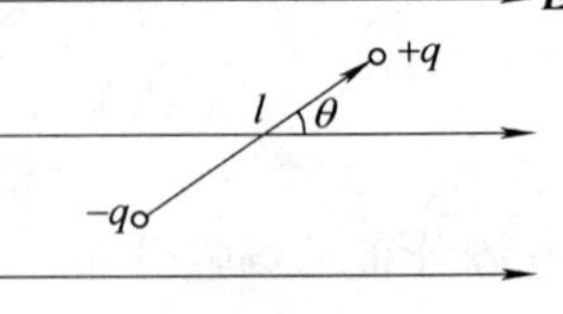

习题 8-19 图

电偶极子的电势能

$$W=W_++W_-=qU_++(-q)U_-=q(U_+-U_-)$$
$$=-Eql\cos\theta=-\boldsymbol{p}\cdot\boldsymbol{E}$$

8-20　一个半径为 R_1 的金属球 A，它的外面套一个内、外半径分别为 R_2 和 R_3 的同心金属球壳 B. 二者带电后电势分别为 U_A 和 U_B. 求此系统的电荷及电场分布. 如果用导线将球和壳连接起来，结果又将如何?

解　设半径为 R_1、R_2 和 R_3 的金属球面上所带电荷分别为 q_1、q_2 和 q_3，如解图 8-20 所示.

作半径为 r 的与金属球同心的球面为高斯面，由高斯定理可求出电场强度分布为

$$\boldsymbol{E}=\begin{cases}0, & r<R_1\\ \dfrac{q_1}{4\pi\varepsilon_0 r^3}\boldsymbol{r}, & R_1<r<R_2\\ \dfrac{q_1+q_2}{4\pi\varepsilon_0 r^3}\boldsymbol{r}, & R_2<r<R_3\\ \dfrac{q_1+q_2+q_3}{4\pi\varepsilon_0 r^3}\boldsymbol{r}, & r>R_3\end{cases}$$

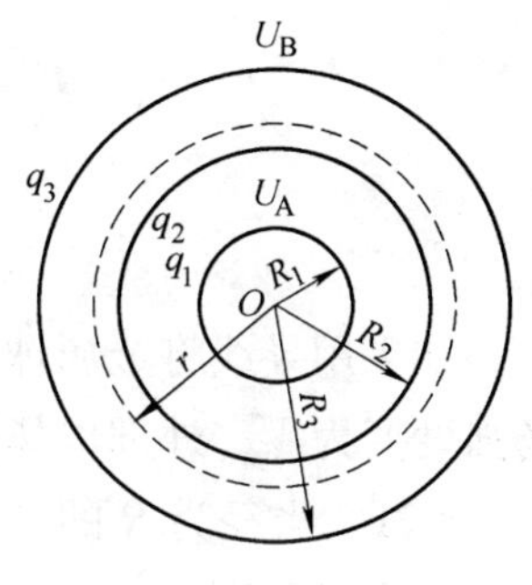

解图 8-20

由导体的静电平衡条件知，在 $R_2<r<R_3$ 区域内场强处处为零，故 $q_2=-q_1$. 于是场强分布为

$$\boldsymbol{E}=\begin{cases}0, & r<R_1\\ \dfrac{q_1}{4\pi\varepsilon_0 r^3}\boldsymbol{r}, & R_1<r<R_2\\ 0, & R_2<r<R_3\\ \dfrac{q_3}{4\pi\varepsilon_0 r^3}\boldsymbol{r}, & r>R_3\end{cases}$$

据此计算 A 球的电势

$$U_A=\int_{R_1}^{R_2}\frac{q_1}{4\pi\varepsilon_0 r^3}\boldsymbol{r}\cdot d\boldsymbol{r}+\int_{R_3}^{\infty}\frac{q_3}{4\pi\varepsilon_0 r^3}\boldsymbol{r}\cdot d\boldsymbol{r}$$
$$=\frac{1}{4\pi\varepsilon_0}\left(\frac{q_1}{R_1}-\frac{q_1}{R_2}+\frac{q_3}{R_3}\right)$$

同理，可得 B 球的电势

$$U_B=\frac{1}{4\pi\varepsilon_0}\frac{q_3}{R_3}$$

以上二式联立求解，可得

$$q_1=\frac{4\pi\varepsilon_0 R_1 R_2}{R_2-R_1}(U_A-U_B)$$

$$q_2=-\frac{4\pi\varepsilon_0 R_1 R_2}{R_2-R_1}(U_A-U_B)$$

$$q_3=4\pi\varepsilon_0 R_3 U_B$$

将以上结果代入场强分布式中，可得用电势表示的电场强度分布

$$E=\begin{cases}0, & r<R_1\\ \dfrac{R_1R_2(U_A-U_B)}{(R_2-R_1)r^3}\boldsymbol{r}, & R_1<r<R_2\\ 0, & R_2<r<R_3\\ \dfrac{R_3U_B}{r^3}\boldsymbol{r}, & r>R_3\end{cases}$$

如果用导线将金属球与金属球壳连接起来，则二者成为等势体，球壳内部电场强度变为零，外部电场强度与电势分布不变.

8-21　半径为 R 的导体球带有电荷 q，球外有一均匀电介质同心球壳，球壳的内外半径分别为 a 和 b，相对介电常数为 ε_r. 求空间电位移矢量、电场强度和电势分布.

解　题给情况如解图 8-21 所示．利用有介质情况下的高斯定理 $\oint \boldsymbol{D}\cdot d\boldsymbol{S}=\sum q$，可得 $\boldsymbol{D}$ 的分布为

$$\boldsymbol{D}=\begin{cases}0, & r<R\\ \dfrac{q}{4\pi r^3}\boldsymbol{r}, & r>R\end{cases}$$

由关系式 $\boldsymbol{D}=\varepsilon_0\varepsilon_r\boldsymbol{E}$ 可得电场强度分布为

$$\boldsymbol{E}=\begin{cases}0, & r<R\\ \dfrac{q}{4\pi\varepsilon_0 r^3}\boldsymbol{r}, & R<r<a\\ \dfrac{q}{4\pi\varepsilon_0\varepsilon_r r^3}\boldsymbol{r}, & a<r<b\\ \dfrac{q}{4\pi\varepsilon_0 r^3}\boldsymbol{r}, & r>b\end{cases}$$

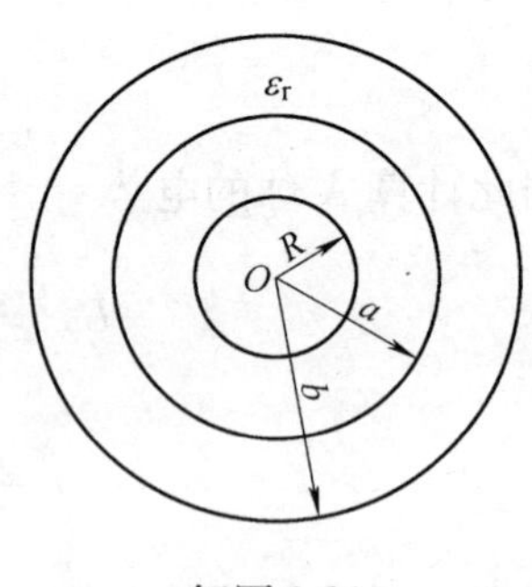

解图 8-21

$r<R$:

$$\begin{aligned}U(r)&=\int_R^a\boldsymbol{E}\cdot d\boldsymbol{r}+\int_a^b\boldsymbol{E}\cdot d\boldsymbol{r}+\int_b^\infty\boldsymbol{E}\cdot d\boldsymbol{r}\\&=\int_R^a\frac{q}{4\pi\varepsilon_0 r^2}dr+\int_a^b\frac{q}{4\pi\varepsilon_0\varepsilon_r r^2}dr+\int_b^\infty\frac{q}{4\pi\varepsilon_0 r^2}dr\\&=\frac{q}{4\pi\varepsilon_0}\left[\frac{1}{R}-\frac{1}{a}+\frac{1}{\varepsilon_r}\left(\frac{1}{a}-\frac{1}{b}\right)+\frac{1}{b}\right]\end{aligned}$$

$R<r<a$:

$$\begin{aligned}U(r)&=\int_r^a\boldsymbol{E}\cdot d\boldsymbol{r}+\int_a^b\boldsymbol{E}\cdot d\boldsymbol{r}+\int_b^\infty\boldsymbol{E}\cdot d\boldsymbol{r}\\&=\int_r^a\frac{q}{4\pi\varepsilon_0 r^2}dr+\int_a^b\frac{q}{4\pi\varepsilon_0\varepsilon_r r^2}dr+\int_b^\infty\frac{q}{4\pi\varepsilon_0 r^2}dr\end{aligned}$$

$$= \frac{q}{4\pi\varepsilon_0}\left[\frac{1}{r} - \frac{1}{a} + \frac{1}{\varepsilon_r}\left(\frac{1}{a} - \frac{1}{b}\right) + \frac{1}{b}\right]$$

$a < r < b$:

$$U(r) = \int_r^b \boldsymbol{E} \cdot \mathrm{d}\boldsymbol{r} + \int_b^\infty \boldsymbol{E} \cdot \mathrm{d}\boldsymbol{r}$$

$$= \int_r^b \frac{q}{4\pi\varepsilon_0\varepsilon_r r^2}\mathrm{d}r + \int_b^\infty \frac{q}{4\pi\varepsilon_0 r^2}\mathrm{d}r$$

$$= \frac{q}{4\pi\varepsilon_0}\left[\frac{1}{\varepsilon_r}\left(\frac{1}{r} - \frac{1}{b}\right) + \frac{1}{b}\right]$$

$r > b$:

$$U(r) = \int_r^\infty \boldsymbol{E} \cdot \mathrm{d}\boldsymbol{r} = \frac{q}{4\pi\varepsilon_0 r}$$

8-22 在两板相距为 d 的平行板电容器中，插入一块厚为 $d/2$ 的金属大平板（此板与两极板平行），其电容变为原来的多少倍？如果插入的是相对介电常数为 ε_r 的大平板，则又如何？

解 原来电容为 $C_0 = \dfrac{\varepsilon_0 S}{d}$.

（1）插入导体板后，由于导体内电场强度为零，故其电容可视为两个平行板电容器 $C_1 = \dfrac{\varepsilon_0 S}{x}$ 与 $C_2 = \dfrac{\varepsilon_0 S}{d/2 - x}$ 的串联（解图 8-22）.

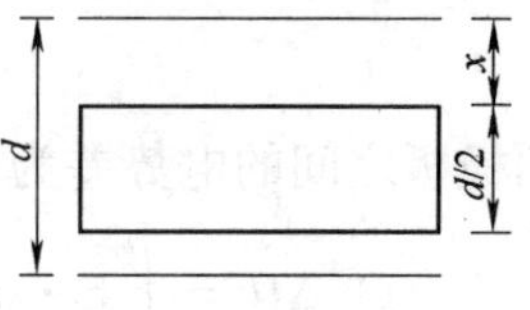

解图 8-22

由电容串联的等效公式，有

$$\frac{1}{C} = \frac{1}{C_1} + \frac{1}{C_2} = \frac{x + d/2 - x}{\varepsilon_0 S} = \frac{d}{2\varepsilon_0 S}$$

即电容变为原来的 2 倍.

（2）设面电荷密度为 σ，两极板间的电势差为

$$\Delta U = \int_0^d E\mathrm{d}x = E_1\frac{d}{2} + E_2\frac{d}{2} = \left(\frac{\sigma}{\varepsilon_0} + \frac{\sigma}{\varepsilon_0\varepsilon_r}\right)\frac{d}{2} = \frac{\sigma d}{2\varepsilon_0}\left(1 + \frac{1}{\varepsilon_r}\right)$$

根据电容的定义式，有

$$C = \frac{\sigma S}{\Delta U} = \frac{2\varepsilon_0\varepsilon_r S}{(1 + \varepsilon_r)d}$$

因此

$$\frac{C}{C_0} = \frac{2\varepsilon_r}{1 + \varepsilon_r}$$

8-23 在内极板半径为 a、外极板半径为 b 的圆柱形电容器内，装入一层相

对介电常数为 ε_r 的同心圆柱形壳体（内半径为 r_1、外半径为 r_2），其电容变为原来的多少倍?

解 题给情况如解图 8-23 所示．设圆柱电容器的长度为 l，内外极板带有电荷 $\pm q$. 由高斯定理可以求出两极板之间的电场强度为

$$\boldsymbol{E}=\frac{q}{2\pi\varepsilon_0 lr^2}\boldsymbol{r}\quad (a<r<b)$$

解图 8-23

极板之间的电势差为

$$\Delta U=\int_a^b \boldsymbol{E}\cdot \mathrm{d}\boldsymbol{r}=\int_a^b \frac{q}{2\pi\varepsilon_0 l}\frac{\mathrm{d}r}{r}=\frac{q}{2\pi\varepsilon_0 l}\ln\frac{b}{a}$$

由电容器电容的定义，有

$$C_0=\frac{q}{\Delta U}=\frac{2\pi\varepsilon_0 l}{\ln\dfrac{b}{a}}$$

装入一层介质以后，极板之间的电场强度分布为

$$\boldsymbol{E}=\begin{cases}\dfrac{q}{2\pi\varepsilon_0 lr^2}\boldsymbol{r},(\text{真空中})\\[2ex]\dfrac{q}{2\pi\varepsilon_0\varepsilon_r lr^2}\boldsymbol{r},(\text{介质中})\end{cases}$$

两极板之间的电势差为

$$\begin{aligned}\Delta U&=\int_a^b \boldsymbol{E}\cdot \mathrm{d}\boldsymbol{r}=\int_a^{r_1}\frac{q}{2\pi\varepsilon_0 l}\frac{\mathrm{d}r}{r}+\int_{r_1}^{r_2}\frac{q}{2\pi\varepsilon_0\varepsilon_r l}\frac{\mathrm{d}r}{r}+\int_{r_2}^{b}\frac{q}{2\pi\varepsilon_0 l}\frac{\mathrm{d}r}{r}\\&=\frac{q}{2\pi\varepsilon_0 l}\left(\ln\frac{br_1}{ar_2}+\frac{1}{\varepsilon_r}\ln\frac{r_2}{r_1}\right)\end{aligned}$$

由电容的定义，有

$$C=\frac{q}{\Delta U}=\frac{2\pi\varepsilon_0 l}{\ln\dfrac{br_1}{ar_2}+\dfrac{1}{\varepsilon_r}\ln\dfrac{r_2}{r_1}}$$

从而

$$\frac{C}{C_0}=\frac{\ln\dfrac{b}{a}}{\ln\dfrac{br_1}{ar_2}+\dfrac{1}{\varepsilon_r}\ln\dfrac{r_2}{r_1}}$$

若极板之间充满介质，即 $r_1=a$，$r_2=b$，则有 $C/C_0=\varepsilon_r$.

8-24 一平行板电容器极板面积为 S，间距为 d，带电荷为 $\pm q$，现将极板之间的距离拉开一倍.

（1）静电能改变了多少？

（2）求外力对极板做的功.

解 （1）由于极板拉开前后，极板上的电荷保持不变，因此，板间电场强度不变，从而电场的能量密度 $w=\frac{1}{2}\varepsilon_0 E^2$ 保持不变. 将极板拉开以后，电场空间的体积增大 1 倍，所以静电能也增加 1 倍，于是静电能的增量为

$$\Delta W=\frac{1}{2}\frac{q^2}{C}=\frac{1}{2}\frac{q^2 d}{\varepsilon_0 S}$$

（2）一个极板产生的电场强度为

$$E=\frac{\sigma}{2\varepsilon_0}=\frac{q}{2\varepsilon_0 S}$$

它对另一极板的静电力为

$$F=-qE=-\frac{q^2}{2\varepsilon_0 S}$$

式中负号表示引力. 将极板间距增大距离 d，外力克服静电力做的功为

$$A=-Fd=\frac{1}{2}\frac{q^2 d}{\varepsilon_0 S}$$

8-25 一平行板电容器的两极板间有两层均匀电介质，一层电介质的 $\varepsilon_r=4.0$，厚度 $d_1=2.0\text{mm}$，另一层电介质的 $\varepsilon_r=2.0$，厚度为 $d_2=3.0\text{mm}$. 极板面积 $S=50\text{cm}^2$，两极板间电压为 200V. 求：

（1）每层介质中的电场能量密度；

（2）每层介质中总的静电能；

（3）用公式 $qU/2$ 计算电容器的总静电能.

解 题给情况如解图 8-25 所示.

（1）设两极板上的面电荷密度为 $\pm\sigma$，由高斯定理可求得 $D_1=D_2=\sigma$，因而，在两层介质中的电场强度分别为

$$E_1=\frac{\sigma}{\varepsilon_0\varepsilon_{r1}},\quad E_2=\frac{\sigma}{\varepsilon_0\varepsilon_{r2}}$$

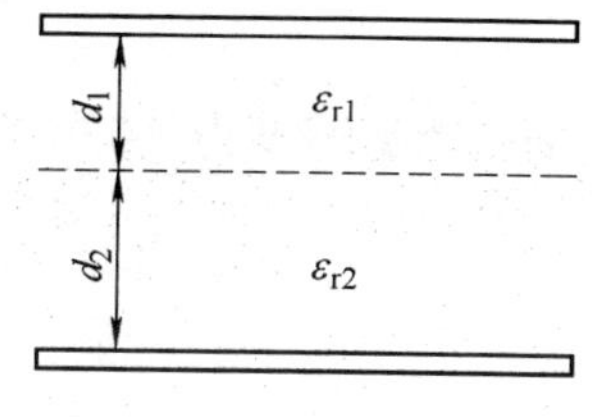

解图 8-25

极板间的电势差为

$$\Delta U=E_1 d_1+E_2 d_2=\frac{\sigma}{\varepsilon_0}\left(\frac{d_1}{\varepsilon_{r1}}+\frac{d_2}{\varepsilon_{r2}}\right)$$

由上式可得

$$\sigma=\frac{\varepsilon_0\Delta U}{\dfrac{d_1}{\varepsilon_{r1}}+\dfrac{d_2}{\varepsilon_{r2}}} \qquad ①$$

于是介质 1 中的电场能量密度为

$$w_1=\frac{1}{2}D_1E_1=\frac{\sigma^2}{2\varepsilon_0\varepsilon_{r1}}=\frac{1}{2}\frac{\varepsilon_0}{\varepsilon_{r1}}\frac{\Delta U^2}{\left(\dfrac{d_1}{\varepsilon_{r1}}+\dfrac{d_2}{\varepsilon_{r2}}\right)^2}=1.1\times10^{-2}\mathrm{J\cdot m^{-3}}$$

同理，介质 2 中的电场能量密度为

$$w_2=\frac{1}{2}\frac{\varepsilon_0}{\varepsilon_{r2}}\frac{\Delta U^2}{\left(\dfrac{d_1}{\varepsilon_{r1}}+\dfrac{d_2}{\varepsilon_{r2}}\right)^2}=2.2\times10^{-2}\mathrm{J\cdot m^{-3}}$$

（2）两层介质中的总电场能量分别为

$$W_1=w_1Sd_1=1.1\times10^{-7}\mathrm{J}$$

$$W_2=w_2Sd_2=3.3\times10^{-7}\mathrm{J}$$

（3）将式①代入 $W=\dfrac{q\Delta U}{2}=\dfrac{\sigma S\Delta U}{2}$中，得

$$W=\frac{1}{2}\frac{\varepsilon_0\Delta U^2}{\dfrac{d_1}{\varepsilon_{r1}}+\dfrac{d_2}{\varepsilon_{r2}}}=4.4\times10^{-7}\mathrm{J}$$

8-26 两个同轴圆柱面，长度均为 L，半径分别为 a 和 b，两圆柱面之间充有介电常数为 ε 的均匀电介质．当这两个圆柱面带有等量异号电荷 $\pm q$ 时，问：

（1）在半径为 $r(a<r<b)$、厚度为 $\mathrm{d}r$、长度为 L 的圆柱薄壳中任一点处的电场能量密度是多少？整个薄壳中的总电场能量是多少？

（2）电介质中的总电场能量是多少？能否由此总电场能量推算圆柱形电容器的电容？

解 （1）忽略边缘效应，容易用高斯定理求出两圆柱面间的电场

$$D=\frac{q}{2\pi Lr},\quad E=\frac{q}{2\pi\varepsilon Lr}$$

电场的能量密度为

$$w=\frac{1}{2}DE=\frac{q^2}{8\pi^2\varepsilon L^2r^2}$$

$$\mathrm{d}W=w2\pi rL\mathrm{d}r=\frac{q^2\mathrm{d}r}{4\pi\varepsilon Lr}$$

（2）介质中的总电场能量为

$$W = \int \mathrm{d}W = \int_a^b \frac{q^2 \mathrm{d}r}{4\pi\varepsilon L r} = \frac{q^2}{4\pi\varepsilon L}\ln\frac{b}{a}$$

由电容器贮能公式 $W = \dfrac{q^2}{2C}$，可导出电容为

$$C = \frac{q^2}{2W} = \frac{2\pi\varepsilon L}{\ln b - \ln a}$$

8-27　球形电容器两极板的内外半径分别为 R_1 和 R_2，其间一半充满介电常数为 ε 的均匀电介质．求球形电容器的电容．

解　内外半径分别为 R_1 和 R_2 的真空球形电容器的电容为

$$C' = \frac{4\pi\varepsilon_0 R_1 R_2}{R_2 - R_1}$$

同样形状和大小的介质电容器的电容为

$$C'' = \frac{4\pi\varepsilon R_1 R_2}{R_2 - R_1}$$

本题的电容器可看做是真空半球电容器与介质半球电容器的并联，如解图 8-27 所示．因此，其电容为

$$C = \frac{1}{2}(C' + C'') = \frac{2\pi(\varepsilon_0 + \varepsilon)R_1 R_2}{R_2 - R_1}$$

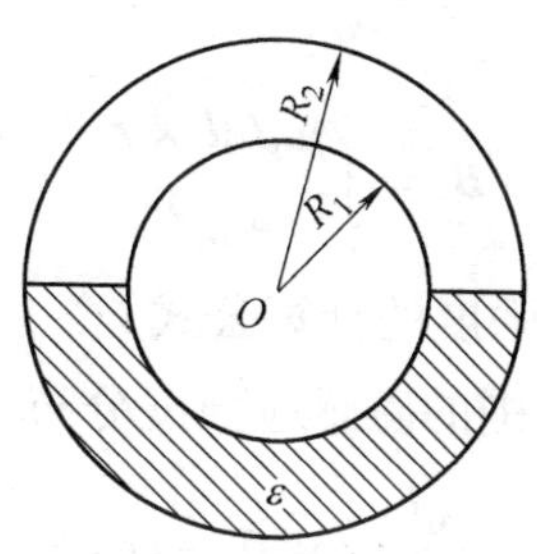

解图 8-27

第9章　恒 定 磁 场

9.1　重点与难点

重点内容

1. 恒定电流

（1）电流密度的定义　$\mathrm{d}I = \boldsymbol{j} \cdot \mathrm{d}\boldsymbol{S}$

（2）恒定条件　$\oint \boldsymbol{j} \cdot \mathrm{d}\boldsymbol{S} = 0$

（3）欧姆定律的微分形式　$\boldsymbol{j} = \sigma \boldsymbol{E}$

（4）电动势　$\mathscr{E} = \oint \boldsymbol{E}_{\mathrm{k}} \cdot \mathrm{d}\boldsymbol{l}$

2. 磁感应强度

$\boldsymbol{B}$ 是作用在单位正电荷并垂直于电荷运动方向的磁作用力．磁场作用在带电粒子上的作用力与粒子的运动方向垂直，从而磁力并不做功．

3. 毕奥—萨伐尔定律

$$\boldsymbol{B} = \int_L \frac{\mu_0 I \mathrm{d}\boldsymbol{l} \times \boldsymbol{r}}{4\pi r^3}$$

它给出了载流导线 L 的磁感应强度的计算公式．

（1）有限长载流直导线周围的磁感应强度分布

$$B = \frac{\mu_0 I}{4\pi a}(\cos\theta_1 - \cos\theta_2)$$

（2）载流圆导线轴线上的磁感应强度分布

$$B = \frac{\mu_0 I}{2} \frac{R^2}{(R^2 + x^2)^{3/2}}$$

（3）载流螺线管中轴线上的磁感应强度分布

$$B = \frac{\mu_0 n I}{2}(\cos\theta_2 - \cos\theta_1)$$

4. 运动电荷的磁场

$$\boldsymbol{B}=\frac{\mu_0}{4\pi}\frac{q\boldsymbol{v}\times\boldsymbol{r}}{r^3}$$

上式适用于不考虑推迟效应或粒子运动速率较小（$v \ll c$）的情形.

5. 磁场对载流导线的作用

（1）安培力　$\mathrm{d}\boldsymbol{F}=I\mathrm{d}\boldsymbol{l}\times\boldsymbol{B}$

（2）磁场作用于载流平面线圈的力矩　$\boldsymbol{M}=\boldsymbol{p}_{\mathrm{m}}\times\boldsymbol{B}$

6. 磁介质

顺磁性与抗磁性，磁介质的分类及磁化机制

7. 恒定磁场的性质

（1）无源性

$$\oint_S \boldsymbol{B}\cdot\mathrm{d}\boldsymbol{S}=0$$

（2）有旋性（安培环路定理）

$$\oint_L \boldsymbol{H}\cdot\mathrm{d}\boldsymbol{l}=\sum I$$

磁感应强度与磁场强度的关系：$\boldsymbol{B}=\mu_0\mu_{\mathrm{r}}\boldsymbol{H}=\mu\boldsymbol{H}$

难点分析

恒定磁场与静电场有很多对称性，请读者在学习过程中注意它们之间的联系与不同点.

利用毕奥—萨伐尔定律计算磁感应强度分布与利用电场的叠加原理计算电场分布相比较，由于矢量运算的关系增加了复杂程度，需要读者通过反复练习克服这一困难.

计算磁场的方法可以归纳为三种：

（1）毕奥—萨伐尔定律可以计算任意形状载流导线周围的磁场；

（2）安培环路定理适用于计算一些特殊的具有某种对称性（尤其是轴对称）电流分布的情形；

（3）对于低速运动的带电粒子的磁场，用公式 $\boldsymbol{B}=\frac{\mu_0}{4\pi}\frac{q\boldsymbol{v}\times\boldsymbol{r}}{r^3}$ 计算.

9.2　习题解答

9-1　习题9-1图中两边为电导率很大的导体，中间两层是电导率分别为 σ_1

和 σ_2 的均匀导电介质，其厚度分别为 d_1 和 d_2，导体的截面积为 S，通过导体的恒定电流为 I，求：

（1）两层导电介质中的电场强度 E_1 和 E_2；

（2）电势差 U_{AB} 和 U_{BC}.

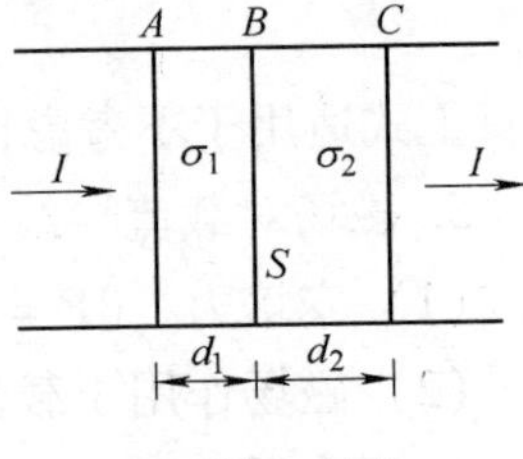

习题 9-1 图

解　（1）根据微分形式的欧姆定律，有

$$j=\sigma_1 E_1=\sigma_2 E_2=\frac{I}{S}$$

所以

$$E_1=\frac{I}{\sigma_1 S},\quad E_2=\frac{I}{\sigma_2 S}$$

（2）$U_{AB}=E_1 d_1=\dfrac{I}{\sigma_1 S}d_1$，$U_{BC}=E_2 d_2=\dfrac{I}{\sigma_2 S}d_2$.

9-2　一铜圆柱体半径为 a，长为 L，外面套一个与它共轴且等长的铜圆筒，筒的内半径为 b，在柱和筒之间充满电导率为 σ 的均匀导电物质，如习题 9-2 图所示．求柱与筒之间的电阻．

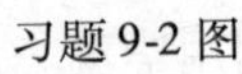
习题 9-2 图

解　取与圆柱同轴的内、外半径分别为 r 和 $r+\mathrm{d}r$ 圆柱状薄层，它的电阻为

$$\mathrm{d}R=\frac{\mathrm{d}r}{\sigma S}=\frac{\mathrm{d}r}{2\pi rL\sigma}$$

积分可得柱与筒之间的电阻

$$R=\int \mathrm{d}R=\int_a^b \frac{\mathrm{d}r}{2\pi rL\sigma}=\frac{1}{2\pi L\sigma}\ln\frac{b}{a}$$

9-3　有一个标明 2kΩ，20W 的电位器．问：

（1）允许通过这个电位器的最大电流为多少安培？加在这个电位器的最大电压为多少伏？

（2）当加在这个电位器上的电压是 10V 时，电功率是多少瓦？

解　（1）$P=I_{\max}^2 R$，$I_{\max}=\sqrt{\dfrac{P}{R}}=0.1\mathrm{A}$，$U_{\max}=I_{\max}R=200\mathrm{V}$.

（2）$P=\dfrac{U^2}{R}=0.05\mathrm{W}$.

9-4　对一蓄电池充电，当充电电流为 3.00A 时，路端电压为 2.06V，该蓄电池放电时，当放电电流为 2.00A 时，路端电压为 1.96V．求这个蓄电池的电动势和内阻．

解 设蓄电池的内阻为 R_i，电动势为 $\mathscr{E}$，则

$$U_{充} = \mathscr{E} + I_{充} R_i, \quad U_{放} = \mathscr{E} - I_{放} R_i$$

从中解得

$$R_i = \frac{U_{充} - U_{放}}{I_{充} + I_{放}} = 0.02\Omega$$

$$\mathscr{E} = U_{充} - I_{充} R_i = 2.00\text{V}$$

9-5 试推导电流密度 j 和自由电子数密度 n、漂移速度 u（电子定向平均运动速度）之间的关系为 $j = neu$，其中 e 为电子电荷．

解 在导体内取一面元 ΔS，使其平面与电流线垂直．经过 ΔS 边界的电流线将围成一个管道．在 Δt 时间内通过 ΔS 的电子将全部位于以 ΔS 为底，以 $u\Delta t$ 为高的柱体内，如解图 9-5 所示．在 Δt 时间内通过 ΔS 的电荷为

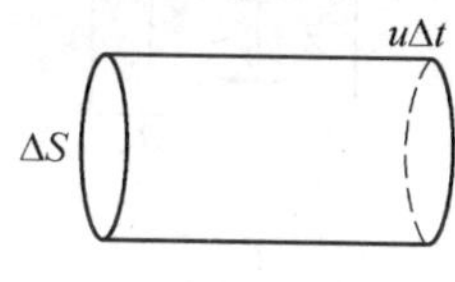

解图 9-5

$$\Delta q = neu\Delta t\Delta S$$

由此可以求得电流密度的大小为

$$j = \frac{\Delta q}{\Delta t\Delta S} = neu$$

由于电子带负电荷，因此 $\boldsymbol{j}$ 的方向与电子漂移速度 $\boldsymbol{u}$ 的方向相反．

9-6 如习题 9-6 图所示电路，已知 $\mathscr{E}_1 = 12\text{V}$，$\mathscr{E}_2 = 10\text{V}$，$\mathscr{E}_3 = 8\text{V}$，$R_{i1} = R_{i2} = R_{i3} = 1\Omega$，$R_1 = R_2 = R_3 = R_4 = R_5 = 2\Omega$. 求 U_{AB} 和 U_{CD}.

解 设电流 I 为逆时针方向，则有

$$I(R_1 + R_2 + R_3 + R_4 + R_{i1} + R_{i3}) + \mathscr{E}_3 - \mathscr{E}_1 = 0$$

$$I = \frac{\mathscr{E}_1 - \mathscr{E}_3}{R_1 + R_2 + R_3 + R_4 + R_{i1} + R_{i3}} = 0.4\text{A}$$

$$U_{AB} = I(R_2 + R_{i3} + R_4) + \mathscr{E}_3 = 10\text{V}$$

$$U_{CD} = U_{AB} - \mathscr{E}_2 = 0\text{V}$$

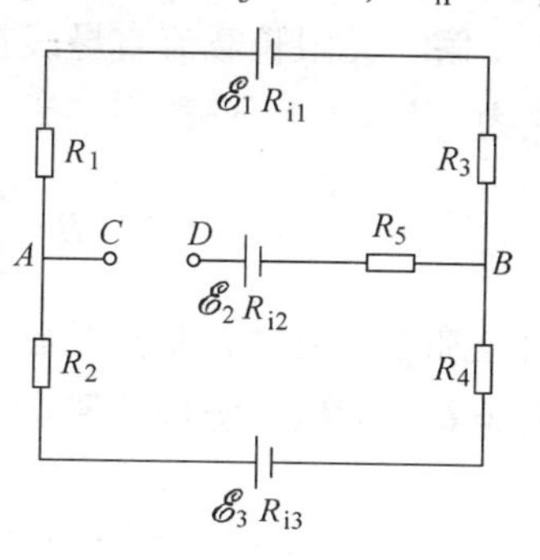

习题 9-6 图

9-7 为了找出电缆在某处由于损坏而通地的地方，可以用习题 9-7 图中所示的装置，AB 是一段长为 100cm 的均匀电阻线，触点 S 可以在它上面平稳滑动．已知电缆长 7.8km，设当 S 滑至 $SB = 41\text{cm}$ 时，通过电流计 G 的电流为零．求电缆损坏处至检查处 B 的距离．

解 本题的等效电路是一个电桥，如解图 9-7 所示．其中 $AB = 100\text{cm}$，$AS = 59\text{cm}$，$SB = 41\text{cm}$. 设 $BD = x$，则有 $AD = 7.8 \times 2 - x$.
由电桥的平衡条件 $R_1R_4 = R_2R_3$，得

$$59x = 41(7.8 \times 2 - x)$$

$$x = 6.4\text{km}$$

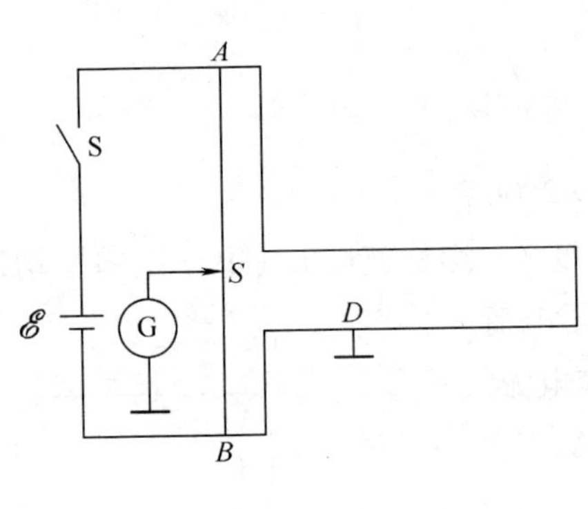

习题 9-7 图

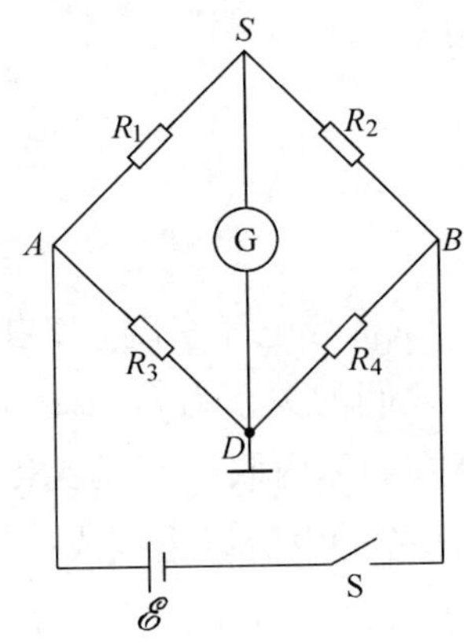

解图 9-7

9-8 两根长直导线互相平行地放置，相距为 $2r$（习题 9-8 图），导线内通以流向相同、大小为 $I_1 = I_2 = 10\text{A}$ 的电流，在垂直于导线的平面（纸面）上有 M 和 N 两点，M 点为 O_1O_2 连线的中点，N 点在 O_1O_2 的垂直平分线上，且与 M 点相距为 r. 设 $r = 2\text{cm}$，求 M 和 N 两点处的磁感应强度 $\boldsymbol{B}$ 的大小和方向.

习题 9-8 图

解 无限长载流直导线在距其 r 处的磁感应强度公式为

$$B = \frac{\mu_0 I}{2\pi r}$$

由叠加原理可知，M 点的磁感应强度为 $\boldsymbol{B}_M = \boldsymbol{B}_{1M} + \boldsymbol{B}_{2M} = 0$. N 点的磁感应强度为 $\boldsymbol{B}_N = \boldsymbol{B}_{1N} + \boldsymbol{B}_{2N}$，方向水平向左，大小为

$$B_N = 2B_{1N}\cos\frac{\pi}{4} = 2\,\frac{\mu_0 I_1}{2\pi\sqrt{2}r}\,\frac{\sqrt{2}}{2} = \frac{\mu_0 I_1}{2\pi r} = 1.0 \times 10^{-4}\text{T}$$

9-9 两根长直导线沿半径方向引到铁环上 M 和 N 两点，并与很远的电源相连，如习题 9-9 图所示. 求环中心的磁感应强度.

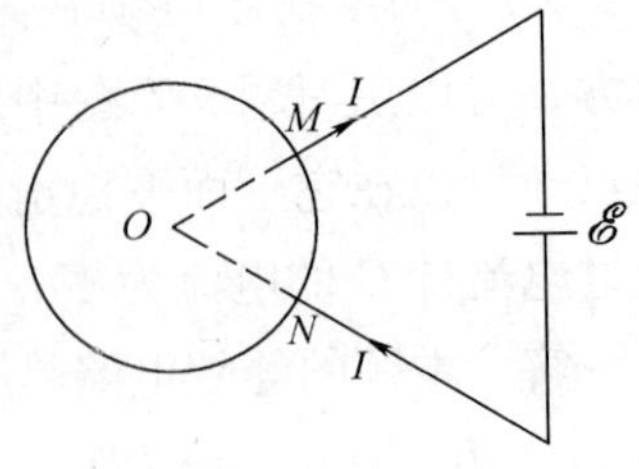

习题 9-9 图

解 设两段圆弧的长度分别为 l_1、l_2，产生的磁感应强度为 B_1、B_2，方向相反. 由于两段圆弧为并联，故有 $I_1 l_1 = I_2 l_2$. 由毕奥—萨伐尔定律，两段圆弧在 O 产生的磁感应强度分别为

$$B_1=\frac{\mu_0}{4\pi}\frac{I_1l_1}{r^2}$$

$$B_2=\frac{\mu_0}{4\pi}\frac{I_2l_2}{r^2}$$

所以圆心 O 处的磁感应强度为

$$B=B_1-B_2=0$$

9-10 载流圆线圈半径 $R=11\text{cm}$，电流 $I=14\text{A}$. 求：

（1）在圆心处的磁感应强度；

（2）在轴线上距圆心为 10cm 处的磁感应强度.

解 参看解图 9-10，载流圆线圈上一电流元 $I\mathrm{d}\boldsymbol{l}$ 在轴线上产生的磁感应强度为

$$\mathrm{d}\boldsymbol{B}=\frac{\mu_0 I\mathrm{d}\boldsymbol{l}\times\boldsymbol{r}}{r^3}$$

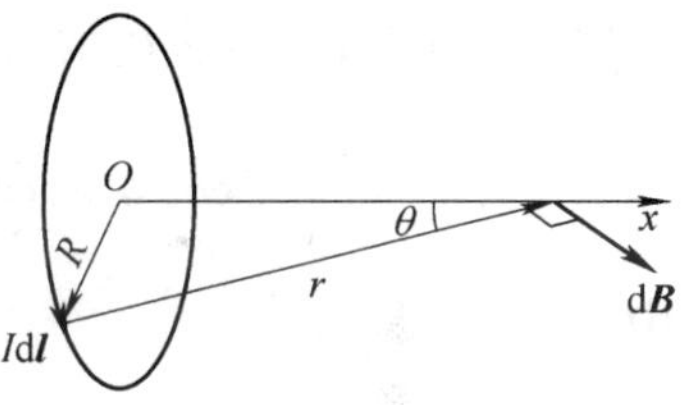

解图 9-10

由对称性可知，轴线上任一点磁感应强度与轴线方向垂直的分量将抵消. 轴向分量为

$$\mathrm{d}B_x=\frac{\mu_0}{4\pi}\frac{I\mathrm{d}l}{r^2}\cos\left(\frac{\pi}{2}-\theta\right)=\frac{\mu_0}{4\pi}\frac{I\mathrm{d}l}{r^2}\sin\theta$$

式中

$$r^2=R^2+x^2,\quad \sin\theta=\frac{R}{\sqrt{R^2+x^2}}$$

于是

$$\mathrm{d}B_x=\frac{\mu_0}{4\pi}\frac{IR\mathrm{d}l}{(R^2+x^2)^{3/2}}$$

对上式积分，有

$$B=\oint\frac{\mu_0}{4\pi}\frac{IR\mathrm{d}l}{(R^2+x^2)^{3/2}}=\frac{\mu_0}{2}\frac{IR^2}{(R^2+x^2)^{3/2}}$$

若 $x=0$（圆心处），有

$$B=\frac{\mu_0 I}{2R}=8.0\times10^{-5}\text{T}$$

若 $x=10\text{cm}$，则有

$$B=\frac{\mu_0}{2}\frac{IR^2}{(R^2+x^2)^{3/2}}=3.24\times10^{-5}\text{T}$$

9-11 按玻尔模型，在基态的氢原子中，电子绕原子核作半径为 0.53 ×

10^{-10}m 的圆周运动，速度为 $2.2\times10^{6}\text{m}\cdot\text{s}^{-1}$. 求此运动的电子在核处产生的磁感应强度的大小.

解　根据运动电荷的磁场公式

$$\boldsymbol{B}=\frac{\mu_0}{4\pi}\frac{q\boldsymbol{v}\times\boldsymbol{r}}{r^3}$$

得电子在核处产生的磁感应强度的大小为

$$B=\frac{\mu_0}{4\pi}\frac{ev}{r^2}=12.5\text{T}$$

9-12　正方形载流线圈的边长为 $2a$、电流为 I. 求：

（1）正方形中心和轴线上距中心为 x 处的磁感应强度；

（2）$a=1.0\text{cm}$、$I=5.0\text{A}$ 时在 $x=0$ 和 $x=10\text{cm}$ 处的磁感应强度.

解　（1）如解图 9-12 所示，AB 段电流在 P 点产生的磁感应强度为

$$B_1=\frac{\mu_0 I}{4\pi r}(\cos\theta_1-\cos\theta_2)$$

式中

$$r=\sqrt{x^2+a^2},\ \cos\theta_1=-\cos\theta_2=\frac{a}{\sqrt{x^2+2a^2}}$$

于是有

$$B_1=\frac{\mu_0 I2a}{4\pi\sqrt{x^2+a^2}\sqrt{x^2+2a^2}}$$

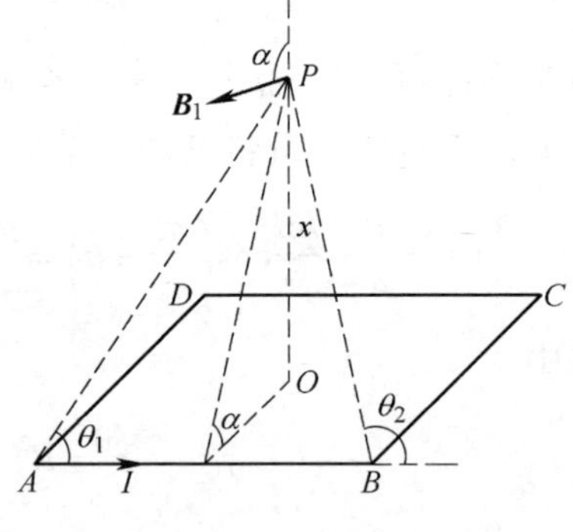

解图 9-12

AB 段、CD 段和 BC 段、DA 段电流在 P 点产生的磁场，在水平方向上相互抵消，而在竖直方向的大小为

$$B=4B_1\cos\alpha=4B_1\frac{a}{\sqrt{x^2+a^2}}=\frac{2\mu_0 Ia^2}{\pi(x^2+a^2)\sqrt{x^2+2a^2}}$$

当 $x=0$ 时，有 $B_0=\dfrac{\sqrt{2}\mu_0 I}{\pi a}$.

（2）若 $a=1.0\text{cm}$，$I=5.0\text{A}$，则当 $x=0$ 时，有

$$B=\frac{\sqrt{2}\mu_0 I}{\pi a}=2.82\times10^{-4}\text{T}$$

当 $x=10\text{cm}$ 时，有

$$B=\frac{2\mu_0 Ia^2}{\pi(x^2+a^2)\sqrt{x^2+2a^2}}=3.92\times10^{-7}\text{T}$$

9-13 在半径 $R=2.0\text{cm}$ 的无限长半圆柱面形的金属薄片中有电流 $I=5\text{A}$ 沿平行于轴线方向通过，电流在横截面上均匀分布（习题9-13图）．求圆柱轴线上 P 点处的磁感应强度．

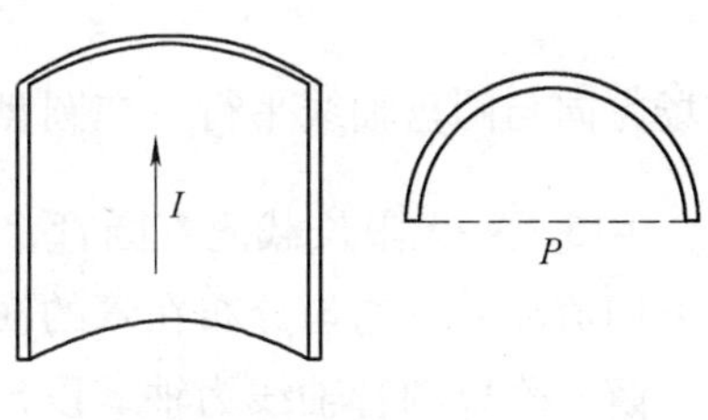

习题9-13图

解 将无限长半圆柱面的金属薄片看成是许多根无限长金属棒组成，取一根宽度为 $\mathrm{d}l$ 的金属棒，它的电流为 $\mathrm{d}I=\dfrac{\mathrm{d}l}{\pi R}I$，在 P 点产生的磁感应强度为（见解图9-13）

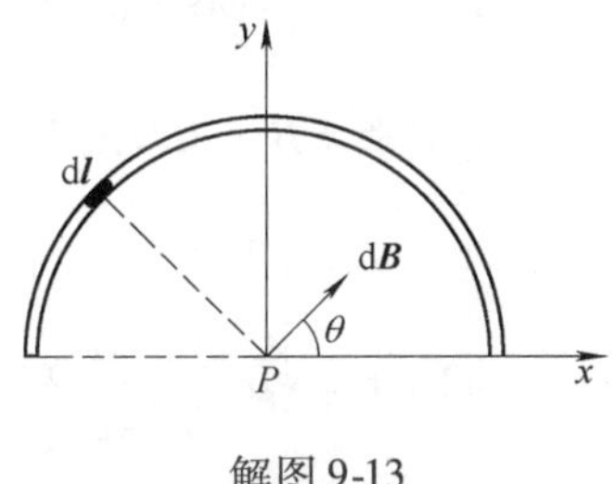

解图9-13

$$\mathrm{d}B=\frac{\mu_0\mathrm{d}I}{2\pi R}=\frac{\mu_0 I\mathrm{d}l}{2\pi^2R^2}$$

它在 x 轴与 y 轴上的投影分别是

$$\mathrm{d}B_x=\frac{\mu_0 I\mathrm{d}l}{2\pi^2R^2}\cos\theta=\frac{\mu_0 I}{2\pi^2R}\cos\theta\mathrm{d}\theta$$

$$\mathrm{d}B_y=\frac{\mu_0 I\mathrm{d}l}{2\pi^2R^2}\sin\theta=\frac{\mu_0 I}{2\pi^2R}\sin\theta\mathrm{d}\theta$$

积分可得整个半圆柱金属薄片在 P 点的磁感应强度在 x 轴与 y 轴上的投影分别为

$$B_x=\int_{-\pi/2}^{\pi/2}\frac{\mu_0 I}{2\pi^2R}\cos\theta\mathrm{d}\theta=\frac{\mu_0 I}{\pi^2R}=3.18\times10^{-5}\text{T}$$

$$B_y=\int_{-\pi/2}^{\pi/2}\frac{\mu_0 I}{2\pi^2R}\sin\theta\mathrm{d}\theta=0$$

由此可以看出，P 点的磁感应强度的方向沿 x 轴．

9-14 半径为 R 的圆片上均匀带电，电荷密度为 σ，以匀角速度 ω 绕它的轴旋转．求轴线上距圆片中心为 x 处的磁感应强度．

解 在圆片上取一半径为 r、宽度为 $\mathrm{d}r$ 的圆环，如解图9-14所示，当圆片以角速度 ω 旋转时，圆环上的电流为

$$\mathrm{d}I=\frac{\sigma2\pi r\mathrm{d}r}{2\pi/\omega}=\sigma\omega r\mathrm{d}r$$

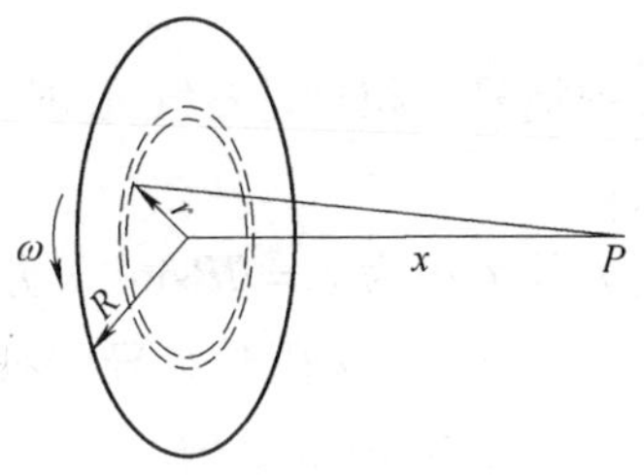

解图9-14

根据圆形线圈在轴线上的磁感应强度公式

$$\mathrm{d}B=\frac{\mu_0\mathrm{d}Ir^2}{2(r^2+x^2)^{3/2}}=\frac{\mu_0\sigma\omega r^2\mathrm{d}r}{2(r^2+x^2)^{3/2}}$$

整个圆盘在 P 点产生的磁感应强度为

$$B = \int dB = \int_0^R \frac{\mu_0 \sigma \omega r^3 dr}{2(r^2 + x^2)^{3/2}} = \frac{1}{2}\mu_0 \omega \sigma \left(\frac{R^2 + 2x^2}{\sqrt{R^2 + x^2}} - 2x \right)$$

磁场方向与圆盘轴线平行．在圆盘中心处，$x = 0$，$B = \frac{1}{2}\mu_0 \sigma \omega R$.

9-15　一无限长载流直圆管，内半径为 a，外半径为 b，电流为 I，电流沿轴线方向流动并且均匀分布在管的横截面上．求空间的磁感应强度分布．

解　作以圆管轴线为轴、以 r 为半径的圆形安培环路，如解图 9-15 所示．磁感应强度 $\boldsymbol{B}$ 绕此环路的环量为

$$\oint \boldsymbol{B} \cdot d\boldsymbol{l} = 2\pi r B$$

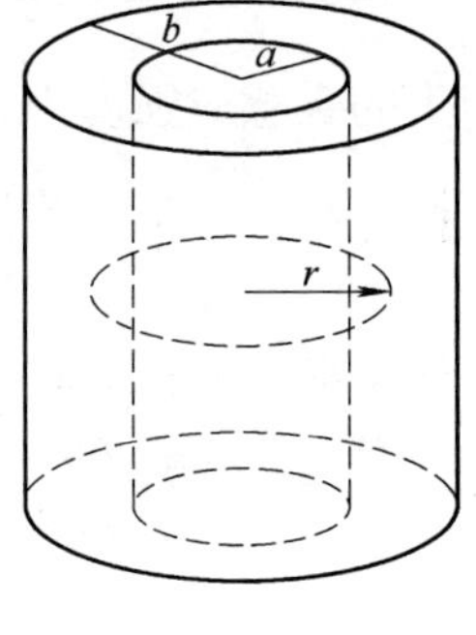

解图 9-15

由安培环路定理 $\oint \boldsymbol{B} \cdot d\boldsymbol{l} = \mu_0 \sum I$，得

$$2\pi r B = \begin{cases} 0, & (r < a) \\ \mu_0 \dfrac{r^2 - a^2}{b^2 - a^2} I, & (a < r < b) \\ \mu_0 I, & (r > b) \end{cases}$$

所以空间磁感应强度分布为

$$B = \begin{cases} 0, & (r < a) \\ \mu_0 \dfrac{r^2 - a^2}{b^2 - a^2} \dfrac{I}{2\pi r}, & (a < r < b) \\ \dfrac{\mu_0 I}{2\pi r}, & (r > b) \end{cases}$$

9-16　在均匀磁场 B 中有一段弯曲导线 ab，通过电流 I（习题 9-16 图）．求此导线受的磁场力．

解　由于 $\boldsymbol{B}$ 为常矢量，故有

$$\boldsymbol{F} = \int_a^b I d\boldsymbol{l} \times \boldsymbol{B} = I\left(\int_a^b d\boldsymbol{l} \right) \times \boldsymbol{B}$$

式中括号内积分是各线元 $d\boldsymbol{l}$ 的矢量和，它等于从点 a 至点 b 的矢量 $\boldsymbol{l}$，因而有

$$\boldsymbol{F} = I\boldsymbol{l} \times \boldsymbol{B}$$

此力的大小为 $F = IlB\sin\theta$，方向垂直于纸面向外．

9-17　一无限长直导线载有电流 $I_1 = 2.0\text{A}$，旁边有一段与它垂直且共面的导线，长度为 10cm，载有电流 $I_2 = 3.0\text{A}$，靠近 I_1 的一端到 I_1 的距离 $d = 40\text{cm}$（习题 9-17 图）．求 I_2 受到的作用力．

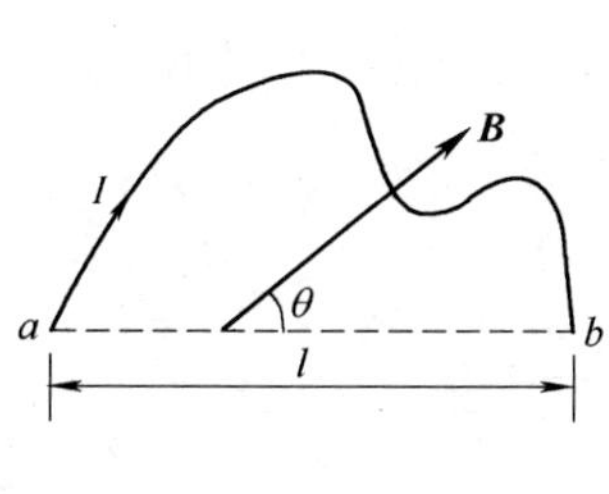

习题 9-16 图

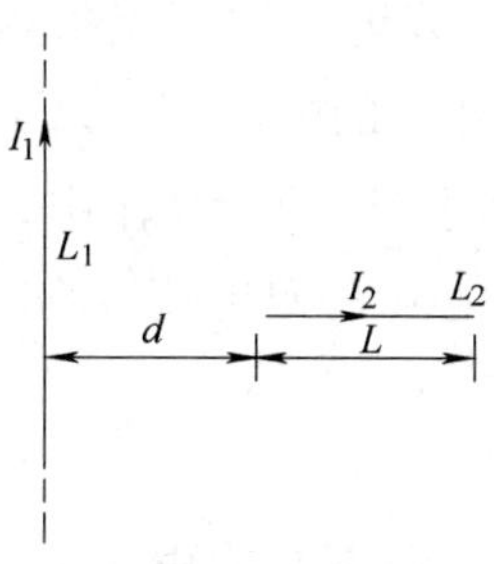

习题 9-17 图

解 在 L_2 上取电流元 $I_2\mathrm{d}\boldsymbol{l}$，它受到的安培力为

$$\mathrm{d}\boldsymbol{F}=I_2\mathrm{d}\boldsymbol{l}\times\boldsymbol{B}_1$$

其中 $\boldsymbol{B}_1$ 表示导线 L_1 在 $I_2\mathrm{d}\boldsymbol{l}$ 处产生的磁感应强度，其大小为 $B_1=\dfrac{\mu_0 I_1}{2\pi l}$.

因两导线共面放置，所以磁场方向与电流元方向垂直，故

$$\mathrm{d}F=I_2B_1\mathrm{d}l=\frac{\mu_0 I_1 I_2}{2\pi l}\mathrm{d}l$$

则

$$F=\int\mathrm{d}F=\int_d^{d+L}\frac{\mu_0 I_1 I_2}{2\pi l}\mathrm{d}l=\frac{\mu_0 I_1 I_2}{2\pi}\ln\frac{d+L}{d}$$

代入已知数据，可得 $F=8.32\times10^{-7}\mathrm{N}$，方向竖直向上．

9-18 一根无限长直导线载有电流 $I_1=30\mathrm{A}$，一矩形回路与它共面，且矩形的长边与直导线平行（习题 9-18 图），回路中载有电流 $I_2=20\mathrm{A}$，矩形的长 $l=20\mathrm{cm}$，宽 $b=8\mathrm{cm}$，矩形靠近直导线的一边距离导线为 $a=10\mathrm{cm}$. 求 I_1 作用在矩形回路上的合力．

解 由习题 9-17 的结果可知，矩形线圈上、下两边受到的磁作用力大小相等，但方向相反且在一直线上，竖直方向的合力为零．

由安培力公式 $\mathrm{d}\boldsymbol{F}=I\mathrm{d}\boldsymbol{l}\times\boldsymbol{B}$ 及无限长载流直导线的磁场公式 $B=\dfrac{\mu_0 I}{2\pi r}$，可得左、右两边受力方向相反，合力大小为

$$F=\frac{\mu_0 I_1}{2\pi a}I_2 l-\frac{\mu_0 I_1}{2\pi(a+b)}I_2 l=\frac{\mu_0 I_1 I_2 b l}{2\pi a(a+b)}$$

$$=1.07\times10^{-4}\mathrm{N}$$

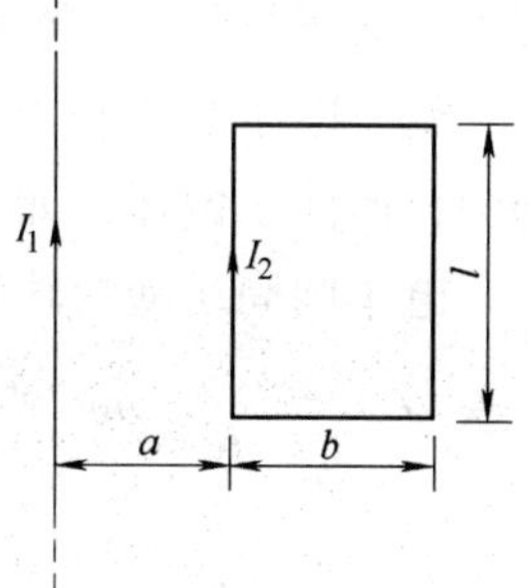

习题 9-18 图

9-19　发电厂的汇流条是两根 3m 长的平行铜棒，相距 50cm，当向外输电时，每根棒中的电流都是以 1.0×10^4A 作为近似．把两棒当做无限长的细导线，试计算它们之间的相互作用力．

解　电流 I_1 对电流 I_2 的安培力为

$$F = I_2 l B_1 = I_2 l \frac{\mu_0 I_1}{2\pi r} = \frac{\mu_0 I_1 I_2 l}{2\pi r} = 120\text{N}$$

同理可得，电流 I_2 对电流 I_1 的安培力亦为 120N.

9-20　一半径为 $R=0.10$m 的半圆形闭合线圈，载有电流 $I=10$A，放在 $B=0.5$T 的均匀磁场中，磁场的方向与线圈平面平行（习题 9-20 图），求线圈所受磁力矩的大小和方向．

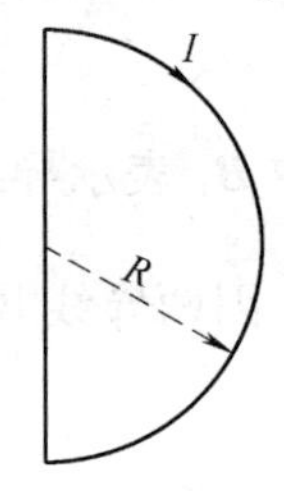

习题 9-20 图

解　根据磁力矩公式 $\boldsymbol{M}=\boldsymbol{p}_{\mathrm{m}}\times\boldsymbol{B}$，式中 $\boldsymbol{p}_{\mathrm{m}}=I\boldsymbol{S}$ 为线圈的磁矩，方向垂直于纸面向里，因而力矩的方向竖直向下，大小为

$$M = p_{\mathrm{m}} B = IB\frac{\pi R^2}{2} = 7.85\times10^{-2}\text{N}\cdot\text{m}$$

9-21　一电子在 $B=20\times10^{-4}$T 的均匀磁场中作沿半径为 $R=2.0$cm、螺矩 $h=5.0$cm 的螺旋线运动．求电子的速度．

解　由螺旋线圆周轨道半径 $R=\dfrac{mv_\perp}{qB}$得 $v_\perp=\dfrac{qBR}{m}$，再由螺距公式 $h=v_{/\!/}\dfrac{2\pi m}{qB}$得 $v_{/\!/}=\dfrac{qBh}{2\pi m}$. 由此可计算出电子的速率为

$$v=\sqrt{v_\perp^2+v_{/\!/}^2}=\frac{qB}{m}\sqrt{R^2+\frac{h^2}{4\pi^2}}=7.56\times10^6\text{m}\cdot\text{s}^{-1}$$

9-22　设在一个电视显像管里，电子在水平面内从南到北运动，其动能为 1.2×10^4eV. 若地磁场在显像管处竖直向下分量 $B_\perp=0.55\times10^{-4}$T，电子在显像管内南北飞行距离 $L=20$cm 时，其轨道向东偏转多少？

解　电子受洛伦兹力 $\boldsymbol{F}=-e\boldsymbol{v}\times\boldsymbol{B}$ 作用，在磁场中自西向东偏转，如解图 9-22 所示．

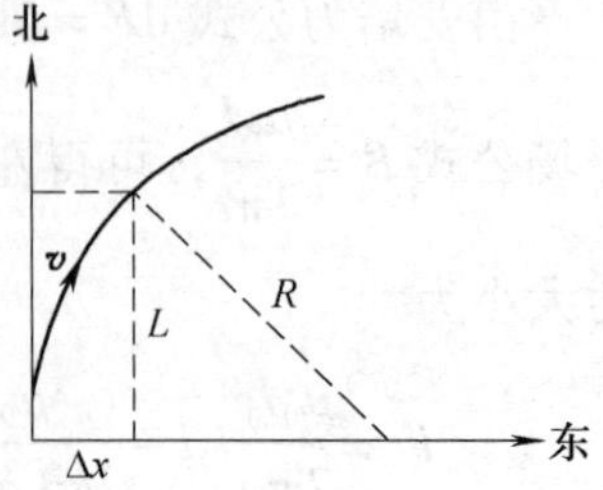

解图 9-22

电子圆周运动的轨道半径为

$$R=\frac{mv}{eB_\perp}=\frac{\sqrt{2mE_{\mathrm{k}}}}{eB_\perp}=6.72\text{m}$$

电子向东偏转的距离为

$$\Delta x = R-\sqrt{R^2-L^2}=2.98\times10^{-3}\text{m}$$

9-23 有一个正电子的动能为 2.0×10^{3}eV，在 $B=0.1$T 的均匀磁场中运动，它的速度 $\boldsymbol{v}$ 与 $\boldsymbol{B}$ 成60°角，所以它沿一条螺旋线运动．求螺旋线运动的周期 T、半径 R 和螺距 h.

解 周期、螺距和半径分别为

$$T=\frac{2\pi m}{qB}=3.57\times10^{-10}\text{s}$$

$$h=Tv\cos\theta=T\sqrt{\frac{2E_{\mathrm{k}}}{m}}\cos60^{\circ}=4.73\times10^{-3}\text{m}$$

$$R=\frac{mv\sin\theta}{qB}=\frac{\sqrt{2mE_{\mathrm{k}}}}{qB}\sin60^{\circ}=1.31\times10^{-3}\text{m}$$

9-24 一铜片厚度为 $d=1.00$mm，放在磁感应强度 $B=1.5$T 的均匀磁场中，磁场方向与铜片表面垂直（习题9-24图）．已知铜片里载流子浓度为 $8.4\times10^{22}\text{cm}^{-3}$，铜片中通有电流 $I=200$A.（1）求铜片两侧的电势差 $U_{AA'}$；（2）铜片宽度 b 对 $U_{AA'}$ 有无影响？为什么？

解 （1）铜片中的载流子为带负电荷的电子，电子的速度方向与电流方向相反．当电子受的洛伦兹力与电场力平衡时，有

$$evB=eE=e\frac{U_{AA'}}{b} \quad ①$$

又知

$$I=nevbd \quad ②$$

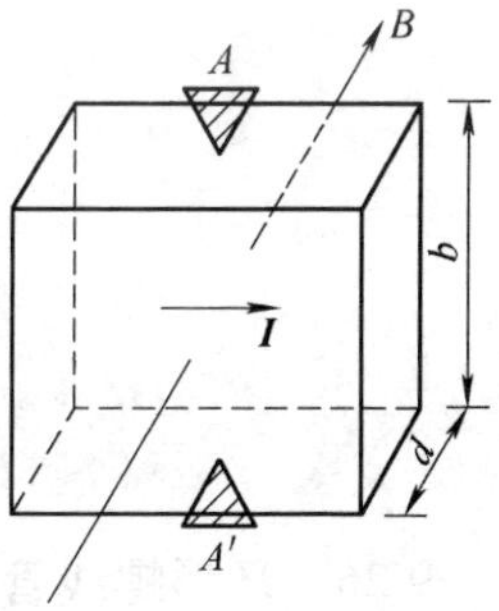

习题9-24图

将式①与式②联立，得

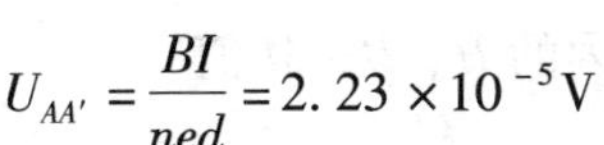

$$U_{AA'}=\frac{BI}{ned}=2.23\times10^{-5}\text{V}$$

（2）无影响．在电流不变的前提下，增大 b 时，通过单位截面积的电子数减少，使电场强度减弱，两者影响相互抵消，使 b 对 $U_{AA'}$ 无影响．

9-25 如习题9-25图所示，磁导率为 μ_1 的无限长磁介质圆柱体，半径为 R_1，其中通以电流 I，且电流沿横截面均匀分布．在它的外面有半径为 R_2 的无限长同轴圆柱面，圆柱面与柱体之间充满着磁导率为 μ_2 的磁介质，圆柱面外为真空．求磁感应强度分布．

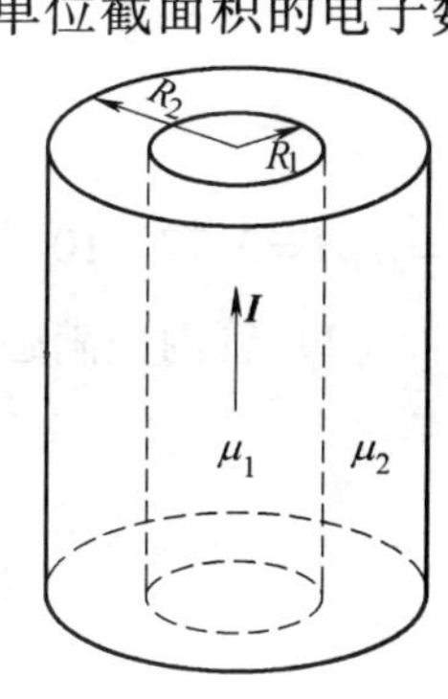

习题9-25图

解 取半径为 r 的同轴圆作为安培环路，根据安培环

路定理求解.

当 $r<R_1$ 时，有

$$\oint \boldsymbol{H} \cdot \mathrm{d}\boldsymbol{l} = 2\pi rH = \frac{r^2}{R_1^2}I$$

解得

$$H=\frac{Ir}{2\pi R_1^2}$$

$r>R_1$ 时，有

$$\oint \boldsymbol{H} \cdot \mathrm{d}\boldsymbol{l} = 2\pi rH = I$$

解得

$$H=\frac{I}{2\pi r}$$

磁感应强度分布为

$$B=\begin{cases}\dfrac{\mu_1 Ir}{2\pi R_1^2}, & r<R_1\\ \dfrac{\mu_2 I}{2\pi r}, & R_1<r<R_2\\ \dfrac{\mu_0 I}{2\pi r}, & r>R_2\end{cases}$$

9-26　环形螺线管的中心线周长为 $l=20\text{cm}$，线圈总匝数 $N=300$，线圈中通以电流 $I=0.20\text{A}$，（1）若管内是真空，求管内的 H、B、M 值；（2）若管内充满 $\mu_r=200$ 的磁介质，求管内的 H、B、M 值.

解　（1）利用安培环路定理 $\oint \boldsymbol{H} \cdot \mathrm{d}\boldsymbol{l} = \sum I$，得

$$Hl=NI,\quad H=\frac{NI}{l}=300\text{A}\cdot\text{m}^{-1}$$

$B=\mu_0 H=3.77\times10^{-4}\text{T}$. 由于无磁介质，故磁化强度 $M=0$.

（2）管内充满磁介质后，H 不变，即 $H=300\text{A}\cdot\text{m}^{-1}$.

$$B=\mu_0\mu_r H=7.54\times10^{-2}\text{T}$$

$$M=\frac{B}{\mu_0}-H=(\mu_r-1)H=5.97\times10^{4}\text{A}\cdot\text{m}^{-1}$$

9-27　有一磁介质细圆环，在外磁场撤销后仍处于磁化状态，磁化强度矢量

$\boldsymbol{M}$ 的大小处处相同，$\boldsymbol{M}$ 的方向如习题 9-29 图所示，求环内的磁场强度 $\boldsymbol{H}$ 和磁感应强度 $\boldsymbol{B}$.

解 取圆环的中心线为闭合回路. 由对称性分析可知，环路上各点 $\boldsymbol{H}$ 的方向处处沿中心线的切线方向，且 $\boldsymbol{H}$ 的大小相等. 另外，由于无传导电流，所以根据安培环路定理，有

$$\oint \boldsymbol{H} \cdot \mathrm{d}\boldsymbol{l} = \oint H \mathrm{d}l = H \oint \mathrm{d}l = 0$$

从而 $H=0$. 由关系式 $\boldsymbol{B}=\mu_0(\boldsymbol{H}+\boldsymbol{M})$ 可得 $\boldsymbol{B}=\mu_0\boldsymbol{M}$.

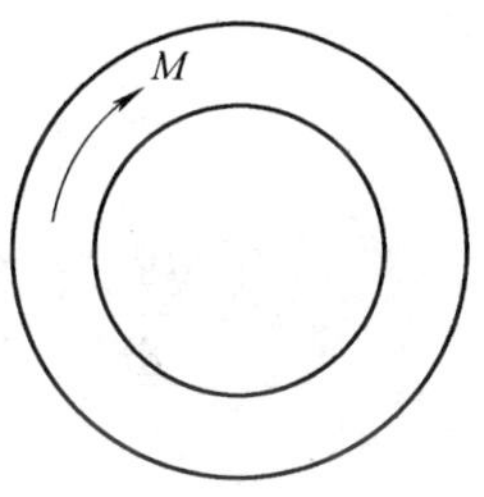

习题 9-27 图

第10章 电磁感应

10.1 重点与难点

重点内容

1. 法拉第电磁感应定律

$$\mathscr{E}_{\mathrm{i}} = -\frac{d\Psi_{\mathrm{m}}}{\mathrm{d}t}$$

2. 动生电动势

$$\mathscr{E}_{\mathrm{i}} = \int(\boldsymbol{v}\times\boldsymbol{B})\cdot\mathrm{d}\boldsymbol{l}$$

3. 感生电动势与感生电场

（1）感生电动势

$$\mathscr{E}_{\mathrm{i}} = -\int\frac{\partial\boldsymbol{B}}{\partial t}\cdot\mathrm{d}\boldsymbol{S}$$

（2）感生电场

$$\oint_L\boldsymbol{E}_{\mathrm{i}}\cdot\mathrm{d}\boldsymbol{l} = -\int_S\frac{\partial\boldsymbol{B}}{\partial t}\cdot\mathrm{d}\boldsymbol{S}$$

4. 自感与互感

（1）自感

自感 $L=\dfrac{\Psi_{\mathrm{m}}}{I}$，自感电动势 $\mathscr{E}_L = -L\dfrac{\mathrm{d}I}{\mathrm{d}t}$

（2）互感

互感 $M=\dfrac{\Psi_{21}}{I_1}=\dfrac{\Psi_{12}}{I_2}$，互感电动势 $\mathscr{E}_{21} = -M\dfrac{\mathrm{d}I_1}{\mathrm{d}t}$，$\mathscr{E}_{12} = -M\dfrac{\mathrm{d}I_2}{\mathrm{d}t}$

5. 磁场能量

（1）磁场能量密度 $w_{\mathrm{m}}=\dfrac{1}{2}\boldsymbol{B}\cdot\boldsymbol{H}$

（2）磁场能量 $W_m = \int_V \frac{1}{2}\boldsymbol{B} \cdot \boldsymbol{H}\mathrm{d}V$

（3）线圈的磁能 $W = \frac{1}{2}LI^2$，由此式可计算线圈的自感系数.

难点分析

动生电动势是磁场不变而导体在磁场中运动时产生的感应电动势，感生电动势是导线回路不变而由磁感应强度的变化引起的感应电动势，它们都只是感应电动势中的两种极端情形. 初学者容易将它们二者严格区分开来，而实际上，在很多场合，它们之间的界限并不是十分明显. 当磁场与导体回路同时变化时，应该运用法拉第电磁感应定律计算相应的感应电动势.

10.2 习题解答

10-1 如习题 10-1 图所示，磁场方向与线圈平面垂直，且指向图面，设磁通量依如下关系变化：$\Phi_m = 6t^2 + 7t + 1$，式中 Φ_m 的单位为 mWb，t 的单位为 s.

（1）求 $t = 2$s 时，在回路中的感生电动势等于多少？

（2）R 上的电流方向如何？

解 （1）由习题 10-1 图中磁场的方向，选回路绕行方向为顺时针.

$$\mathscr{E}_i = -\frac{\mathrm{d}\Phi_m}{\mathrm{d}t} = -(12t + 7) \times 10^{-3}\mathrm{V}$$

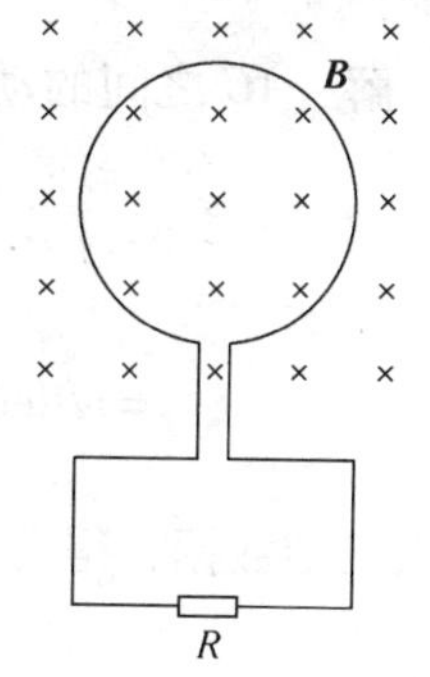

习题 10-1 图

$t = 2$s 时电动势的量值为 $\mathscr{E}_i = -3.1 \times 10^{-2}$V.

（2）上式中的负号表明，电流与选定的顺时针方向相反，因此，电流通过 R 的方向为自左向右.

10-2 如习题 10-2 图所示，一无限长直导线通有交变电流 $i = i_0 \sin \omega t$，它旁边有一与它共面的矩形线圈 $ABCD$，$ABCD$ 与导线平行，矩形线圈长为 L，AB 边和 CD 边到直导线的距离分别为 a 和 b. 求：（1）通过矩形线圈所围面积的磁通量；（2）矩形线圈中的感应电动势.

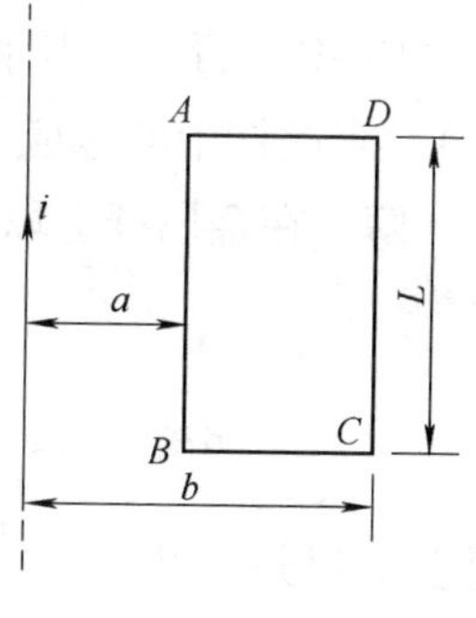

习题 10-2 图

解 （1）在矩形线圈上取长为 L 宽为 $\mathrm{d}r$ 的面元 $\mathrm{d}S = L\mathrm{d}r$. 通过该面元的磁通量为

$$\mathrm{d}\Phi_{\mathrm{m}} = B\mathrm{d}S = BL\mathrm{d}r = \frac{\mu_0 i}{2\pi r}L\mathrm{d}r$$

于是通过矩形线圈的磁通量为

$$\Phi_{\mathrm{m}} = \int \mathrm{d}\Phi = \int_a^b \frac{\mu_0 i}{2\pi r}L\mathrm{d}r = \frac{\mu_0 iL}{2\pi}\ln\frac{b}{a}$$

（2）根据法拉第电磁感应定律，有

$$\mathscr{E}_{\mathrm{i}} = -\frac{\mathrm{d}\Phi_{\mathrm{m}}}{\mathrm{d}t} = -\frac{\mu_0 L}{2\pi}\ln\frac{b}{a}\frac{\mathrm{d}i}{\mathrm{d}t} = -\frac{\mu_0\omega i_0 L\cos\omega t}{2\pi}\ln\frac{b}{a}$$

10-3　两根导线 $AB = BC = 10\mathrm{cm}$，在 B 处相接成 30°角，若导线在均匀磁场中以速度 $v = 1.5\mathrm{m}\cdot\mathrm{s}^{-1}$运动，方向如习题 10-3 图所示. 磁场方向垂直纸面向里，磁感应强度为 $B = 2.5\times10^{-2}\mathrm{T}$. 问 AC 之间的感应电动势为多少？

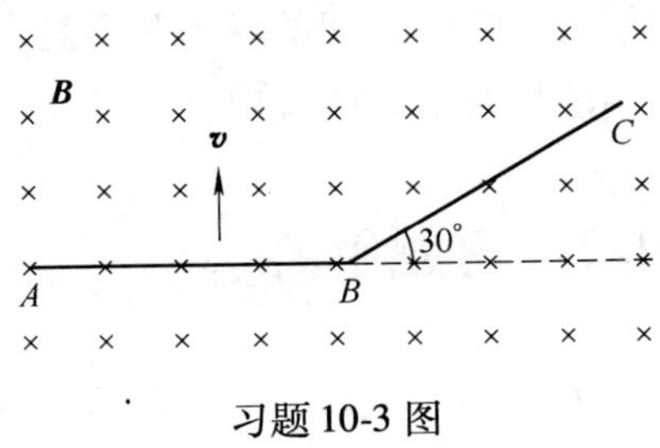

习题 10-3 图

解　AC 之间的动生电动势为

$$\mathscr{E}_{\mathrm{i}} = \int_A^C (\boldsymbol{v}\times\boldsymbol{B})\cdot\mathrm{d}\boldsymbol{l} = \int_A^B (\boldsymbol{v}\times\boldsymbol{B})\cdot\mathrm{d}\boldsymbol{l}_1 + \int_B^C (\boldsymbol{v}\times\boldsymbol{B})\cdot\mathrm{d}\boldsymbol{l}_2$$

$$= vBl\cos\pi + vBl\cos\frac{5\pi}{6} = -\left(1+\frac{\sqrt{3}}{2}\right)vBl$$

代入已知数据，得

$$\mathscr{E}_{\mathrm{i}} = -7.0\times10^{-3}\mathrm{V}$$

式中负号表示动生电动势的实际方向为由 C 到 A.

10-4　如习题 10-4 图所示，金属杆 AB 以 $v = 2\mathrm{m}\cdot\mathrm{s}^{-1}$的速率平行于一长直导线运动，此导线通有电流 $I = 40\mathrm{A}$. 求此杆中的感应电动势.

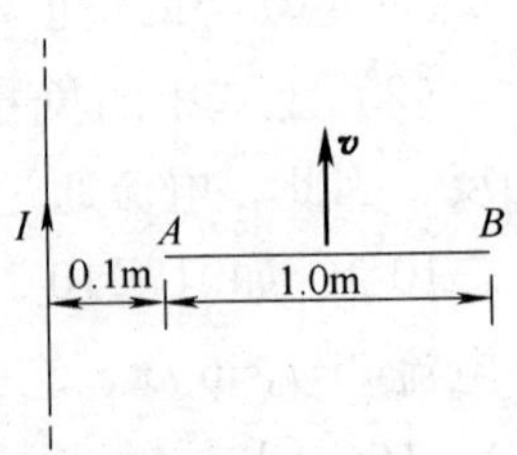

习题 10-4 图

解　在金属杆上取一线元 $\mathrm{d}r$，该线元上的动生电动势为

$$\mathrm{d}\mathscr{E}_{\mathrm{i}} = (\boldsymbol{v}\times\boldsymbol{B})\cdot\mathrm{d}\boldsymbol{l} = -\frac{\mu_0 Iv}{2\pi r}\mathrm{d}r$$

对上式积分，得

$$\mathscr{E}_{\mathrm{i}} = \int \mathrm{d}\mathscr{E}_{\mathrm{i}} = -\int_{0.1}^{1.1} \frac{\mu_0 I v}{2\pi r}\mathrm{d}r = -\frac{\mu_0 I v}{2\pi}\ln\frac{1.1}{0.1} = -3.84\times10^{-5}\mathrm{V}$$

10-5　最简单的交流发电机是在均匀磁场中转动的线圈，转轴 OO' 与磁场 $\boldsymbol{B}$ 垂直，如习题 10-5 图所示. 已知 $B=0.4\mathrm{T}$，线圈面积 $S=25\mathrm{cm}^2$，线圈匝数 $N=10$ 匝，每秒转 50 圈，设开始时线圈平面的法线与 $\boldsymbol{B}$ 垂直. 求感应电动势.

解　通过线圈的磁匝链

$$\Psi_{\mathrm{m}} = N\boldsymbol{B}\cdot\boldsymbol{S} = NBS\cos\left(\omega t+\frac{\pi}{2}\right) = -NBS\sin\omega t$$

由法拉第电磁感应定律，感应电动势为

$$\mathscr{E} = -\frac{\mathrm{d}\Psi_{\mathrm{m}}}{\mathrm{d}t} = NBS\omega\cos\omega t = \pi\cos(100\pi t)(\mathrm{V})$$

10-6　设磁场在半径 $R=0.5\mathrm{m}$ 的圆柱体内是均匀的，$\boldsymbol{B}$ 的方向与圆柱体的轴线平行（习题 10-6 图），B 的时间变化率为 $1.0\times10^{-2}\mathrm{T\cdot s^{-1}}$，圆柱体外无磁场. 试计算离开中心 O 点的距离为 0.1m、0.25m、0.5m 和 1.0m 处各点的感生电场场强.

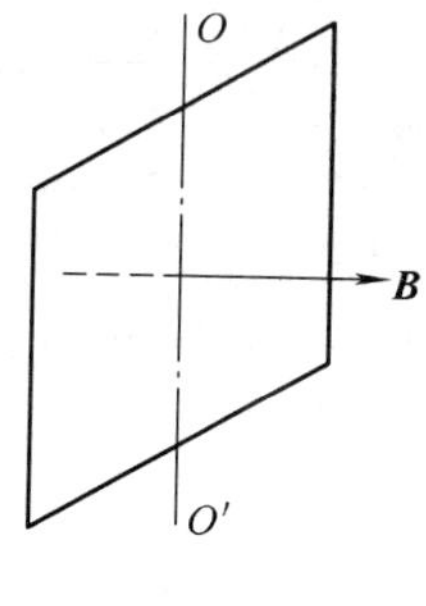

习题 10-5 图

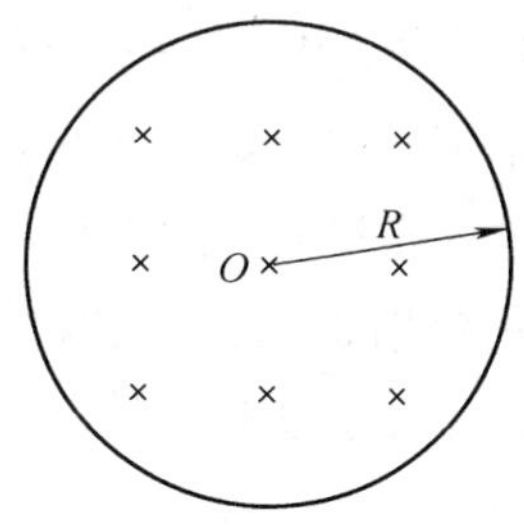

习题 10-6 图

解　本题中磁场分布具有轴对称性，所以到圆柱轴线等距离的点处的感生电场强度的大小相等. 利用感生电场的性质可以证明，本题中的感生电场没有径向分量，即感生电场的方向处处与圆相切. 为此，选取顺时针方向的圆周为积分回路，有

$$\oint E_{\mathrm{i}}\cdot\mathrm{d}\boldsymbol{l} = 2\pi r E_{\mathrm{i}}$$

而

$$\int \frac{\partial \boldsymbol{B}}{\partial t} \cdot \mathrm{d}\boldsymbol{S} = \begin{cases} \pi r^2 \dfrac{\mathrm{d}B}{\mathrm{d}t}, & r < R \\ \pi R^2 \dfrac{\mathrm{d}B}{\mathrm{d}t}, & r > R \end{cases}$$

根据$\oint \boldsymbol{E}_i \cdot \mathrm{d}\boldsymbol{l} = -\int \frac{\partial \boldsymbol{B}}{\partial t} \cdot \mathrm{d}\boldsymbol{S}$,有

$$E_{\mathrm{i}} = \begin{cases} -\dfrac{1}{2} r \dfrac{\mathrm{d}B}{\mathrm{d}t}, & r < R \\ -\dfrac{R^2}{2r} \dfrac{\mathrm{d}B}{\mathrm{d}t}, & r > R \end{cases}$$

式中负号表示如果 $\mathrm{d}B/\mathrm{d}t > 0$，则实际 $\boldsymbol{E}_{\mathrm{i}}$ 的方向与所选积分回路的绕行方向相反，即感生电场应该沿习题 10-6 图中的逆时针方向. 代入已知数值，可得当 $r = 0.1\mathrm{m}$、$0.25\mathrm{m}$、$0.5\mathrm{m}$ 和 $1.0\mathrm{m}$ 时，感生电场的值分别为 $5.0 \times 10^{-4}\mathrm{V \cdot m^{-1}}$、$1.25 \times 10^{-3}\mathrm{V \cdot m^{-1}}$、$2.5 \times 10^{-3}\mathrm{V \cdot m^{-1}}$、$1.25 \times 10^{-3}\mathrm{V \cdot m^{-1}}$.

10-7 在半径为 R 的圆柱形体积内，充满磁感应强度为 $\boldsymbol{B}$ 的均匀磁场. 有一长为 l 的金属棒放在磁场中，如习题 10-7 图所示. 设磁场在增强，并且 $\mathrm{d}B/\mathrm{d}t$ 已知，求棒中的感应电动势.

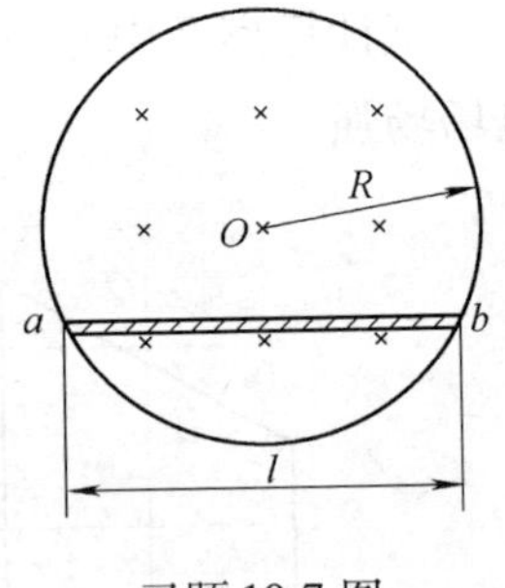

习题 10-7 图

解 由习题 10-6 的结果可知，感生电场的方向处处沿圆的切向，连接习题 10-7 图中的 O、a 与 O、b，则 aO 和 Ob 两条线段上各点的线元处处与 $\boldsymbol{E}_{\mathrm{i}}$ 垂直，所以这两段的感生电动势为零，图中 ab 段的感应电动势为

$$\mathscr{E}_{\mathrm{i}} = \int_b^a \boldsymbol{E}_{\mathrm{i}} \cdot \mathrm{d}\boldsymbol{l} = \oint_{(ObaO)} \boldsymbol{E}_{\mathrm{i}} \cdot \mathrm{d}\boldsymbol{l}$$

由磁场的均匀性可得三角形 Oab 的磁通量为

$$\boldsymbol{\Phi}_{\mathrm{m}} = \frac{1}{2} Bl\sqrt{R^2 - l^2/4}$$

由电磁感应定律，有

$$\mathscr{E}_{\mathrm{i}} = -\frac{\mathrm{d}\boldsymbol{\Phi}_{\mathrm{m}}}{\mathrm{d}t} = -\frac{1}{2} l\sqrt{R^2 - l^2/4}\ \frac{\mathrm{d}B}{\mathrm{d}t}$$

式中的负号表示，若 $\mathrm{d}B/\mathrm{d}t > 0$，则感生电动势由 a 指向 b，若存在外电路，则 b 端电势较高.

10-8 在两平行导线的平面内，有一矩形导线如习题10-8图所示. 如导线中电流 I 随时间变化，试计算线圈中的感生电动势.

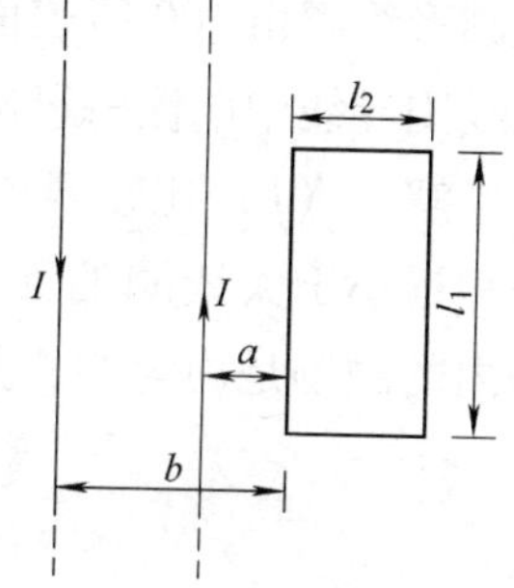

习题10-8图

解 由习题10-2的结果，得

$$\Phi_m = \Phi_{m1} - \Phi_{m2} = \frac{\mu_0 I l_1}{2\pi}\ln\frac{a+l_2}{a} - \frac{\mu_0 I l_1}{2\pi}\ln\frac{b+l_2}{b}$$

$$= \frac{\mu_0 I l_1}{2\pi}\left(\ln\frac{a+l_2}{a} - \ln\frac{b+l_2}{b}\right)$$

线圈中的感生电动势为

$$\mathscr{E} = -\frac{d\Phi_m}{dt} = -\frac{\mu_0 l_1}{2\pi}\left(\ln\frac{a+l_2}{a} - \ln\frac{b+l_2}{b}\right)\frac{dI}{dt}$$

10-9 有一螺线管，每米长度上有800匝线圈，在其中心放置了匝数为30、半径为1.0cm的圆形小回路，在1/100s时间内，螺线管中产生5.0A的电流. 问在小回路里的感生电动势为多少?

解 螺线管中心的磁感应强度为 $B=\mu_0 nI$，通过小回路的磁匝链为

$$\Psi_m = NBS = Nn\mu_0 I\pi r^2$$

由电磁感应定律可得

$$\mathscr{E} = -\frac{d\Psi_m}{dt} = -Nn\mu_0\pi r^2\frac{dI}{dt} = -4.74\times10^{-3}\text{V}$$

10-10 在长为60cm、直径为5.0cm的空心纸筒上绕多少匝导线，才能得到自感为 6.0×10^{-3}H 的螺线管?

解 设所需绕的匝数为 N，导线中通以电流 I 时，磁感应强度 $B=\mu_0\dfrac{N}{l}I$. 磁匝链为

$$\Psi_m = NBS = N\mu_0\frac{N}{l}I\frac{\pi d^2}{4}$$

由自感的定义，有

$$L = \frac{\Psi_m}{I} = \frac{\mu_0 N^2\pi d^2}{4l}$$

由上式可解得

$$N = \sqrt{\frac{4Ll}{\mu_0\pi d^2}} = 1\ 209$$

10-11 一圆形线圈由50匝表面绝缘的细导线绕成，圆面积 $S=4.0\text{cm}^2$，放

在另一个半径为 $R=20\text{cm}$ 的大圆形线圈中心，两者同轴，如习题 10-11 图所示. 大圆形线圈由 100 匝表面绝缘的导线绕成. 求：（1）两线圈间的互感；（2）当大线圈导线中电流每秒减少 50A 时，小线圈中的感生电动势为多少?

解　（1）比较两个线圈的大小，可以发现小线圈的面积远小于大线圈的面积，因此可以认为大线圈在小线圈内的磁场是均匀的，其大小为

$$B=\frac{N_1\mu_0 I}{2R}$$

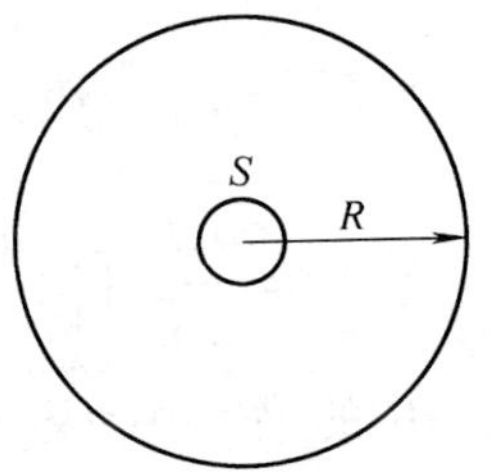

习题 10-11 图

通过小线圈的磁匝链为

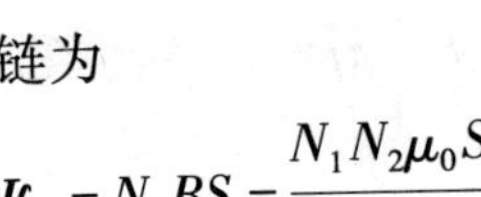

$$\Psi_{\text{m}}=N_2BS=\frac{N_1N_2\mu_0 SI}{2R}$$

由互感的定义，可得

$$M=\frac{\Psi_{\text{m}}}{I}=\frac{N_1N_2\mu_0 S}{2R}=6.28\times10^{-6}\text{H}$$

（2）当大线圈导线中电流每秒减少 50A 时，小线圈中的感生电动势为

$$\mathscr{E}_M=-M\frac{\text{d}I}{\text{d}t}=3.14\times10^{-4}\text{V}$$

10-12　两螺线管同轴，半径分别为 R_1 和 R_2（$R_1>R_2$），长度为 l（$l>>R_1$），匝数分别为 N_1 和 N_2. 求互感 M_{12} 和 M_{21}，由此验证 $M_{12}=M_{21}$.

解　设两螺线管分别通以电流 I_1 和 I_2. 螺线管 1 的磁场在螺线管 2 中的磁匝链为

$$\Psi_{21}=N_2B_1S_2=N_2\cdot\mu_0\frac{N_1}{l}\pi R_2^2I_1=\frac{1}{l}\mu_0N_1N_2\pi R_2^2I_1$$

所以

$$M_{21}=\frac{\Psi_{21}}{I_1}=\frac{1}{l}\mu_0N_1N_2\pi R_2^2$$

同理，螺线管 2 在螺线管 1 中的磁匝链为

$$\Psi_{12}=N_1B_2S_2=N_1\cdot\mu_0\frac{N_2}{l}\pi R_2^2I_2=\frac{1}{l}\mu_0N_1N_2\pi R_2^2I_2$$

$$M_{12}=\frac{\Psi_{12}}{I_2}=\frac{1}{l}\mu_0N_1N_2\pi R_2^2$$

显见 $M_{12}=M_{21}$.

10-13　两个共轴线圈，半径分别为 R 和 r，且 $R>>r$，匝数分别为 N_1 和 N_2，

相距为 l（习题10-13图）．求两线圈的互感.

解 由于 $R>>r$，所以可以近似认为大线圈中的电流在小线圈处产生的磁场是均匀的，其值为

$$B=N_1\frac{\mu_0 IR^2}{2(R^2+l^2)^{3/2}}$$

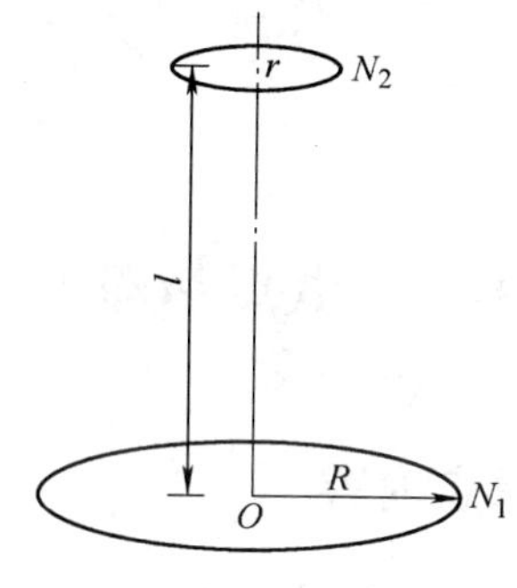

习题10-13图

于是通过小线圈的磁匝链为

$$\Psi=N_2B\pi r^2=N_1N_2\frac{\mu_0 IR^2}{2(R^2+l^2)^{3/2}}\pi r^2$$

根据互感的定义，得

$$M=\frac{\Psi}{I}=\frac{\mu_0 N_1N_2\pi r^2R^2}{2(R^2+l^2)^{3/2}}$$

10-14 目前在实验室里产生 $E=10^5\text{V}\cdot\text{m}^{-1}$的电场和 $B=1\text{T}$ 的磁场是不难做到的，今在边长为10cm的立方体空间里产生上述两种均匀场. 问所需要的能量各为多少？磁场能量是电场能量的多少倍？

解 电场能量

$$W_\text{e}=\frac{\varepsilon_0}{2}E^2V=4.43\times10^{-5}\text{J}$$

磁场能量

$$W_\text{m}=\frac{B^2}{2\mu_0}V=398\text{J}$$

则

$$\frac{W_\text{m}}{W_\text{e}}=9.0\times10^6$$

第 11 章　麦克斯韦方程组　电磁波

11.1　重点与难点

重点内容

1. 位移电流

(1) 位移电流密度　$\boldsymbol{j}_{\mathrm{d}}=\dfrac{\partial \boldsymbol{D}}{\partial t}$

(2) 位移电流　$I_{\mathrm{d}}=\int_{S}\dfrac{\partial \boldsymbol{D}}{\partial t}\cdot \mathrm{d}\boldsymbol{S}$

2. 麦克斯韦方程组的积分形式

$$\oint \boldsymbol{D}\cdot \mathrm{d}\boldsymbol{S}=\int \rho \mathrm{d}V$$

$$\oint \boldsymbol{E}\cdot \mathrm{d}\boldsymbol{l}=-\int \frac{\partial \boldsymbol{B}}{\partial t}\cdot \mathrm{d}\boldsymbol{S}$$

$$\oint \boldsymbol{B}\cdot \mathrm{d}\boldsymbol{l}=0$$

$$\oint \boldsymbol{H}\cdot \mathrm{d}\boldsymbol{l}=\int \left(\boldsymbol{j}+\frac{\partial \boldsymbol{D}}{\partial t}\right)\cdot \mathrm{d}\boldsymbol{S}$$

3. 平面电磁波的性质

(1) 横波，沿 $\boldsymbol{E}\times\boldsymbol{H}$ 的方向传播.

(2) E 与 H 同相位，振幅关系为 $\sqrt{\varepsilon}E_0=\sqrt{\mu}H_0$.

(3) 电磁波在真空中的传播速度 $c=\dfrac{1}{\sqrt{\varepsilon_0\mu_0}}$，在介质中的传播速度 $v=\dfrac{c}{\sqrt{\varepsilon_{\mathrm{r}}\mu_{\mathrm{r}}}}$.

4. 电磁波的能量密度和能流密度

(1) 能量密度　$w=\dfrac{1}{2}(\boldsymbol{D}\cdot\boldsymbol{E}+\boldsymbol{B}\cdot\boldsymbol{H})$

(2)能流密度　$\boldsymbol{S}=\boldsymbol{E}\times\boldsymbol{H}$

难点分析

麦克斯韦方程组是电磁学基本规律的高度总结,是对电磁场基本性质的高度概括,它蕴含了极其丰富的内容.对麦克斯韦方程组的理解和运用是本章的难点,读者应该通过大量的具体应用逐步掌握.

11.2　习题解答

11-1　一平行板真空电容器,两极板都是半径为5cm的圆形导体片,设在充电时电荷在极板上均匀分布,两极板间电场强度的时间变化率为 $\mathrm{d}E/\mathrm{d}t=2\times10^{13}\mathrm{V}\cdot\mathrm{m}^{-1}\cdot\mathrm{s}^{-1}$. 求:(1)两极板间的位移电流 I_d;(2)两极板间磁感应强度的分布和极板边缘处的磁感应强度 B_R.

解　(1)忽略边缘效应,两极板间的位移电流为

$$I_\mathrm{d}=\pi R^2\varepsilon_0\frac{\mathrm{d}E}{\mathrm{d}t}=1.4\mathrm{A}$$

(2)以两极板中心连线为轴,作半径为 r 的圆,绕此圆周的积分

$$\oint\boldsymbol{H}\cdot\mathrm{d}\boldsymbol{l}=2\pi rH=\pi r^2\varepsilon_0\frac{\mathrm{d}E}{\mathrm{d}t}$$

由此得 $H=\frac{\varepsilon_0 r}{2}\frac{\mathrm{d}E}{\mathrm{d}t}$,$B=\frac{\varepsilon_0\mu_0 r}{2}\frac{\mathrm{d}E}{\mathrm{d}t}$. 当 $r=R$ 时,$B_R=5.6\times10^{-6}\mathrm{T}$. 结果表明,虽然电场强度的变化率很大,但它所激发的磁场是很弱的,在实验上不易测量出来.变化电场激发磁场的规律首先以假设的形式提出,其原因也在于此.

11-2　试证明平行板电容器中的位移电流 $I_\mathrm{d}=C\frac{\mathrm{d}U}{\mathrm{d}t}$,式中 C 是电容器的电容,U 是两极板间的电势差.为了在一个1.0μF的电容器内产生1.0A的瞬时位移电流,加在电容器上的电压变化率应为多大?

解　平行板电容器两极板间的电场强度为 $E=\frac{\sigma}{\varepsilon_0}$,电位移矢量的大小为 $D=\sigma$. 由位移电流的定义,有

$$I_\mathrm{d}=\varepsilon_0\frac{\partial E}{\partial t}S=\varepsilon_0\frac{\partial U}{\partial t}\frac{S}{d}=\frac{\varepsilon_0 S}{d}\frac{\mathrm{d}U}{\mathrm{d}t}=C\frac{\mathrm{d}U}{\mathrm{d}t}$$

由上式,得

$$\frac{dU}{dt}=\frac{I_d}{C}=1.0\times10^6\,\text{V}\cdot\text{s}^{-1}$$

11-3　太阳每分钟入射至垂直于地球表面上每平方厘米的能量约为 8.1J. 试求地面上日光中电场强度 E 和磁场强度 H 的振幅值.

解　能流密度的时间平均值 $\overline{S}=8.1\text{J}\cdot\text{cm}^{-2}\cdot\text{min}^{-1}=1.35\times10^3\text{J}\cdot\text{m}^{-2}\cdot\text{s}^{-1}$. 由 $\overline{S}=E_0H_0/2$ 及 $\sqrt{\varepsilon_0}E=\sqrt{\mu_0}H$,得

$$E_0=\sqrt{2\overline{S}\sqrt{\frac{\mu_0}{\varepsilon_0}}}=1.01\times10^3\,\text{V}\cdot\text{m}^{-1}$$

$$H_0=\sqrt{\frac{\varepsilon_0}{\mu_0}}E_0=2.68\,\text{A}\cdot\text{m}^{-1}$$

11-4　有一平均辐射功率为 50kW 的广播电台,假定天线辐射的能流密度各方向相同. 试求在离电台天线 100km 远处的平均能流密度 $\overline{S}$、电场强度振幅 E_0 和磁场强度振幅 H_0.

解

$$\overline{S}=\frac{\overline{P}}{4\pi L^2}=3.98\times10^{-7}\,\text{W}\cdot\text{m}^{-2}$$

$$E_0=\sqrt{2\overline{S}\sqrt{\frac{\mu_0}{\varepsilon_0}}}=1.73\times10^{-2}\,\text{V}\cdot\text{m}^{-1}$$

$$H_0=\sqrt{\frac{\varepsilon_0}{\mu_0}}E_0=4.6\times10^{-5}\,\text{A}\cdot\text{m}^{-1}$$

11-5　目前我国普及型晶体管收音机的中波灵敏度约为 $1\text{mV}\cdot\text{m}^{-1}$,设这类收音机能清楚地听到 100km 远某电台的广播,假定该电台的发射是各向同性的,并且电磁波在传播时没有损耗,问该台的发射功率至少多大?

解　能流密度的时间平均值为 $\overline{S}=\frac{1}{2}\sqrt{\frac{\varepsilon_0}{\mu_0}}E_0^2$,发射功率

$$\overline{P}=4\pi R^2\overline{S}=2\pi R^2\sqrt{\frac{\varepsilon_0}{\mu_0}}E_0^2=1.67\times10^2\,\text{W}$$

第 12 章　振 动 与 波

12.1　重点与难点

重点内容

1. 简谐振动

(1) 简谐振动的动力学方程 $\frac{d^2x}{dt^2}+\omega^2x=0$.

(2) 简谐振动的表达式 $x=A\cos(\omega t+\phi)$，$\omega t+\phi$ 为振动的相位，它确定振动的状态.

(3) 简谐振动的三个特征量：振幅 A、角频率 ω、初相位 ϕ.

(4) 简谐振动的能量 $E=\frac{1}{2}kA^2=\frac{1}{2}m\omega^2A^2$.

2. 简谐振动的合成

(1) 同频率、同振动方向两个简谐振动的合成

设两个分振动为

$$x_1=A_1\cos(\omega t+\phi_1)$$
$$x_2=A_2\cos(\omega t+\phi_2)$$

则合振动

$$x=x_1+x_2=A\cos(\omega t+\phi)$$

仍然为简谐振动. 式中

$$A=[A_1^2+A_2^2+2A_1A_2\cos(\phi_2-\phi_1)]^{1/2}$$
$$\phi=\arctan\frac{A_1\sin\phi_1+A_2\sin\phi_2}{A_1\cos\phi_1+A_2\cos\phi_2}$$

(2) 同频率、振动方向垂直的两个简谐振动的合成

设

$$x=A_1\cos(\omega t+\phi_1)$$
$$y=A_2\cos(\omega t+\phi_2)$$

则合振动的轨迹如图 12-1 所示，$\Delta\phi = \phi_2 - \phi_1$.

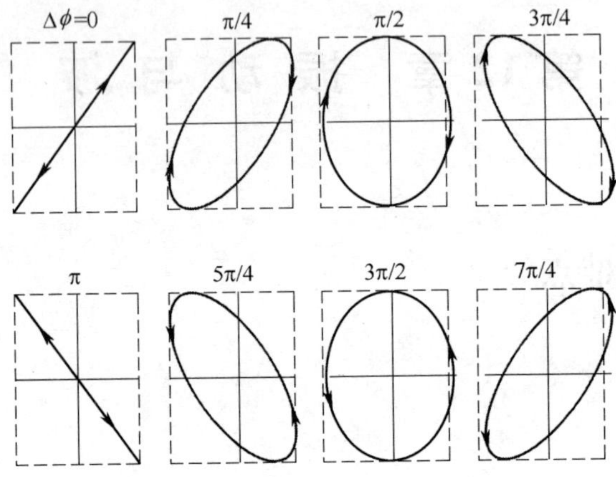

图 12-1　同频率、振动方向垂直的
两个简谐振动合成振动的轨迹

（3）振动方向垂直、频率呈整数比的两个简谐振动的合成（参看李萨如图形）.

3. 阻尼振动和受迫振动

（1）阻尼振动的三种模式：阻尼振动、过阻尼振动与临界阻尼振动.

（2）共振角频率 $\omega_r = \sqrt{\omega_0^2 - 2\beta^2}$.

4. 平面简谐波

（1）表达式 $y(x,t) = A\cos(\omega t \pm kx + \phi)$.

（2）基本物理量：振幅 A、角频率 ω、初相位 ϕ，波数 $k = \dfrac{2\pi}{\lambda} = \dfrac{\omega}{v}$.

5. 波的叠加

（1）叠加原理.

（2）干涉：参与叠加的两列波具有相同的频率，恒定的初相位差及相互平行的振动分量. 当两个振动方向平行时，有

$$A^2 = A_1^2 + A_2^2 + 2A_1A_2\cos(\phi_2 - \phi_1)$$

当 $\phi_2 - \phi_1 = 2n\pi$ 时，$A = A_1 + A_2$，相干加强；

当 $\phi_2 - \phi_1 = (2n+1)\pi$ 时，$A = |A_1 - A_2|$，相干相消，$n \in \mathbb{Z}$.

6. 多普勒效应

$$\nu' = \frac{v + u_o}{v - u_s}\nu$$

难点分析

波的相位既与时间有关，又与空间坐标有关，这给波的描述带来了一定的困难. 可以从两方面来分析：固定空间坐标时我们可以得到一个振动方程；固定时间时我们可以得到该时刻的波形函数. 对波的数学描述源于波动方程

$$\frac{\partial^2 f(x,t)}{\partial t^2}=v^2\ \frac{\partial^2 f(x,t)}{\partial x^2}$$

这个方程的形式解为 $f(x\pm vt)$，其中加号表示沿 x 轴反方向传播的波，减号表示沿 x 轴正方向传播的波. 掌握这个形式解可以帮助读者利用波形函数或某点的振动表达式正确地写出波函数.

12.2 习题解答

12-1 一个弹簧振子的小球作简谐振动 $x=0.05\cos\ (8\pi t+\pi/3)$ (SI). (1) 求此振动的角频率、周期、振幅、初相位、最大速度和最大加速度；(2) $t=1\text{s}$、2s、10s 等时刻振动的相位；(3) 求小球到达平衡位置的时刻.

解 (1) $\omega=8\pi\ \text{rad}\cdot\text{s}^{-1}$，$T=0.25\text{s}$，$A=0.05\text{m}$，$\varphi=\pi/3$，$v_{\max}=0.4\pi\ \text{m}\cdot\text{s}^{-1}$，$a_{\max}=3.2\pi^2\text{m}\cdot\text{s}^{-2}$.

(2) $\varphi_1=25\pi/3$，$\varphi_2=49\pi/3$，$\varphi_{10}=241\pi/3$.

(3) 由 $x=0$ 可得

$$8\pi t+\frac{\pi}{3}=\frac{\pi}{2}+n\pi,\ n=0,\ 1,\ 2,\ \cdots$$

则

$$t=\frac{1}{8}\left(n+\frac{1}{6}\right)\text{s},\ n=0,\ 1,\ 2,\ \cdots$$

12-2 一质量为 m 的物体，以振幅 A 作简谐振动，最大加速度为 $a_{\max}$，则其振动总能量为多大？当其动能为其势能的一半时，物体位于离平衡位置多远？

解 对于简谐振动，有

$$x=A\cos(\omega t+\phi)$$
$$v=-\omega A\sin(\omega t+\phi)$$
$$a=-\omega^2A\cos(\omega t+\phi)$$

所以 $a_{\max}=\omega^2A$，于是有 $\omega=\sqrt{\dfrac{a_{\max}}{A}}$，振动的总能量为

$$E = \frac{1}{2}m\omega^2 A^2 = \frac{1}{2}mAa_{\max}$$

当动能是势能的一半时，有

$$E_p = \frac{2}{3}E = \frac{2}{3}\ \frac{1}{2}m\omega^2 A^2 = \frac{1}{2}m\omega^2 x^2$$

从上式可得 $x = \pm\sqrt{\frac{2}{3}}A$.

12-3　据报道，1976 年 7 月 28 日唐山地震时，居民感受到自己被甩到 1m 高，假定地面作简谐振动，而且频率是 1Hz，则由上述高度算出地面振动的最大速度和振幅各是多少？

解　由 $mgh = \frac{1}{2}kA^2 = \frac{1}{2}m\omega^2 A^2 = \frac{1}{2}(2\pi\nu)^2 mA^2$，得

$$A = \frac{\sqrt{2gh}}{2\pi\nu} = 0.70\text{m}$$

$$v_{\max} = A\omega = 2\pi\nu A = 4.40\text{m}\cdot\text{s}^{-1}$$

12-4　两劲度系数为 k_1 和 k_2 的弹簧串接后一端与质量为 m 的物体相连，另一端固定，放在光滑水平面上. 求该系统作振动时的固有频率.

解　根据习题 1-10 的结果，两弹簧串接后的等效劲度系数为 $k = \frac{k_1 k_2}{k_1 + k_2}$. 因此，系统的固有角频率为

$$\omega = \sqrt{\frac{k}{m}} = \sqrt{\frac{k_1 k_2}{(k_1 + k_2)m}}$$

固有频率为

$$\nu = \frac{\omega}{2\pi} = \frac{1}{2\pi}\sqrt{\frac{k_1 k_2}{(k_1 + k_2)m}}$$

12-5　如习题 12-5 图所示，一 U 形管装有密度为 ρ 的液体，液柱总长度为 l. 先在左端吹气加压，使两端液面高度差为 h，然后放气，液柱作简谐振动，试求其振动频率.

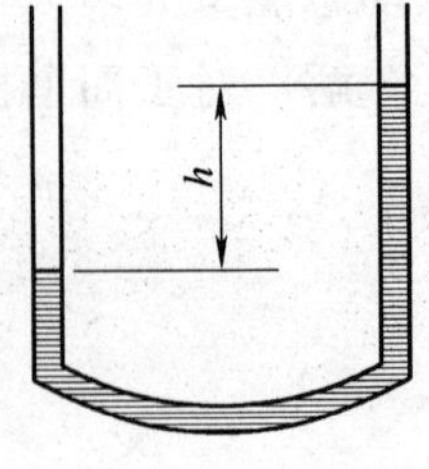

习题 12-5 图

解　当两管中液面高度差为 $2y$ 时，水银受力的大小为 $2yS\rho g$. y 轴原点为两管内液面高度相等时的位置，设 y 轴正方向为竖直向上，则由牛顿第二定律，有

$$-2yS\rho g = m\frac{\mathrm{d}^2y}{\mathrm{d}t^2}$$

式中 m 为水银的质量,$m=\rho Sl$. 将上式化为

$$\frac{\mathrm{d}^2y}{\mathrm{d}t^2}+\frac{2yS\rho g}{m}=\frac{\mathrm{d}^2y}{\mathrm{d}t^2}+\frac{2S\rho g}{\rho Sl}y=0$$

或

$$\frac{\mathrm{d}^2y}{\mathrm{d}t^2}+\frac{2g}{l}y=0$$

令 $\omega=\sqrt{\frac{2g}{l}}$,有$\frac{\mathrm{d}^2y}{\mathrm{d}t^2}+\omega^2y=0$. 由此可得,水银的振动频率为 $\nu=\frac{1}{2\pi}\sqrt{\frac{2g}{l}}$.

12-6 一弹簧振子,劲度为 25N · m^{-1},以初动能 0.2J 和初势能 0.6J 开始振动.

(1) 它的振幅多大?

(2) 位移是振幅的一半时,势能多大?

(3) 位移是多大时,势能和动能相等?

解 (1) 弹簧振子的机械能守恒,则

$$E=E_{\mathrm{k}}+E_{\mathrm{p}}=\frac{1}{2}kA^2$$

$$A=\sqrt{\frac{2(E_{\mathrm{k}}+E_{\mathrm{p}})}{k}}=0.25\mathrm{m}$$

(2) 位移是振幅的一半时,势能为

$$E_{\mathrm{p}}=\frac{1}{2}k\left(\frac{A}{2}\right)^2=\frac{1}{4}E=0.2\mathrm{J}$$

(3) 动能与势能相等时,势能为总能量的一半,因此

$$\frac{1}{2}kx^2=\frac{1}{2}\ \frac{1}{2}kA^2$$

$$x=\pm\frac{A}{\sqrt{2}}=\pm0.177\mathrm{m}$$

12-7 一个质点同时参与两个在同一直线上的简谐振动,其表达式分别为

$$x_1=0.04\cos\left(2t+\frac{\pi}{6}\right),x_2=0.03\cos\left(2t-\frac{\pi}{6}\right)\text{(SI)}$$

试写出合振动的表达式.

解

$$A=\sqrt{A_1^2+A_2^2+2A_1A_2\cos(\phi_2-\phi_1)}=0.061\text{m}$$

$$\phi=\arctan\frac{A_1\sin\phi_1+A_2\sin\phi_2}{A_1\cos\phi_1+A_2\cos\phi_2}=0.082(\text{rad})=4.7°$$

合振动的表达式为 $x=0.061\cos(2t+0.082)$ (SI).

12-8　一平面简谐波在介质中以速度 $10\text{m}\cdot\text{s}^{-1}$ 沿 x 轴（正向向右）向左传播，若波线上 A 点的振动方程为 $y_1=0.02\cos(2\pi t+\varphi)\text{m}$，而波线上另一点 B 在 A 点左边 5cm 处，分别求以 A 为坐标原点时波的表达式和以 B 为坐标原点时波的表达式.

解　题给情况如解图 12-8 所示. 以 A 为原点的波的表达式为

$$y(x,t)=0.02\cos\left[2\pi\left(t+\frac{x}{v}\right)+\varphi\right]$$

$$=0.02\cos\left[2\pi\left(t+\frac{x}{10}\right)+\varphi\right]$$

$$=0.02\cos\left(2\pi t+\frac{\pi x}{5}+\varphi\right)$$

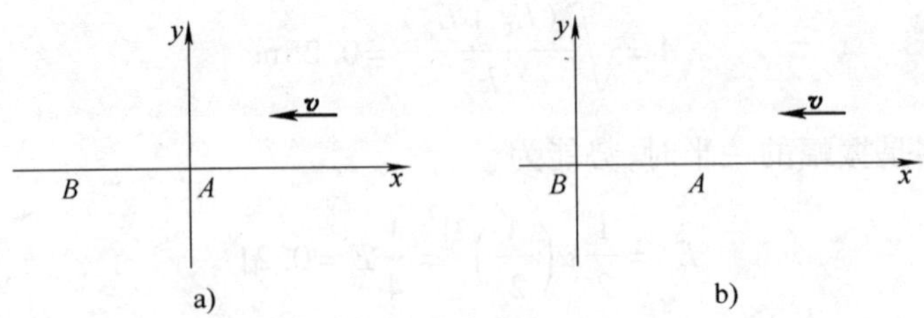

解图 12-8

以 B 为坐标原点时，波的表达式

$$y(x,t)=0.02\cos\left[2\pi\left(t+\frac{x-0.05}{v}\right)+\varphi\right]$$

$$=0.02\cos\left[2\pi\left(t+\frac{x-0.05}{10}\right)+\varphi\right]$$

$$=0.02\cos\left(2\pi t+\frac{\pi}{5}x-0.01\pi+\varphi\right)$$

12-9 一平面简谐波在 $t=0$ 时的波形曲线如习题 12-9 图所示. (1) 写出此波的表达式; (2) 画出 $t=0.02\text{s}$ 时的波形图.

解 (1) 设波的表达式为

$y(x,t)=A\cos(\omega t-kx+\varphi)$

由习题 12-9 图可知, 当 $x=0$, $t=0$ 时, $y(0,0)=A\cos\varphi=0$, 所以 $\varphi=\pm\dfrac{\pi}{2}$. 再由 $x=0$, $t=0$ 时, 振动速度 $v=-A\omega\sin\varphi<0$, 得 $\sin\varphi>0$, 所以 $\varphi=\dfrac{\pi}{2}$.

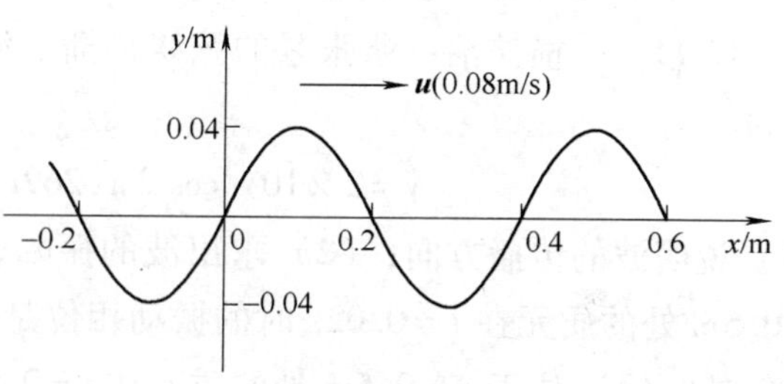

习题 12-9 图

由习题 12-9 图可知, $A=0.04\text{m}$, $\lambda=0.4\text{m}$, 于是 $k=\dfrac{2\pi}{\lambda}=5\pi\ \text{rad}\cdot\text{m}^{-1}$, $\omega=uk=0.4\pi\ \text{rad}\cdot\text{s}^{-1}$.

综合上面的参数, 可得波的表达式为

$$y(x,t)=0.4\cos\left(0.4\pi t-5\pi x+\frac{\pi}{2}\right)(\text{m})$$

(2) 从 $t=0$ 到 $t=0.02\text{s}$, 波传播的距离为 $\Delta x=u\Delta t=0.001\ 6\text{m}$, 此时的波形如解图 12-9 所示.

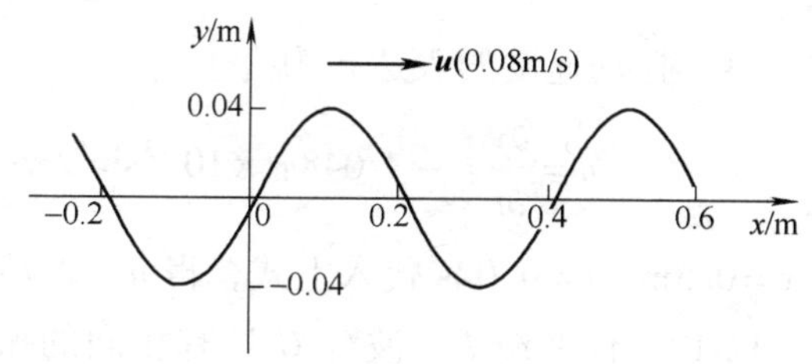

解图 12-9

12-10 已知一平面简谐波的表达式为 $x=5\cos(3t-4y+5)(\text{cm})$, 试求: (1) $t=5\text{s}$ 时, 介质中任一点的位移; (2) $y=4\text{cm}$ 处质点的振动规律; (3) 波速 v; (4) $t=3\text{s}$, $y=3.5\text{cm}$ 处质点的振动速度.

解 (1) 将 $t=5\text{s}$ 代入波的表达式, 得介质中的位移分布

$$x(y)=4\cos(20-4y)(\text{cm})$$

(2) 将 $y=4\text{cm}$ 代入波的表达式, 得 $y=4\text{cm}$ 处的振动方程

$$x(t)=5\cos(3t-11)(\text{cm})$$

(3) 将波的表达式与 $x=A\cos\left[\omega\left(t-\dfrac{y}{v}\right)+\varphi\right]$ 比较可得 $v=0.75\text{cm}\cdot\text{s}^{-1}$.

(4) 振动速度

$$v=\frac{\mathrm{d}x}{\mathrm{d}t}=-15\sin(3t-4y+5)(\mathrm{cm}\cdot\mathrm{s}^{-1})$$

将 $t=3\mathrm{s}$，$y=3.5\mathrm{cm}$ 代入上式，得 $v=0$.

12-11 一横波沿一条张紧的弦线传播，沿线的方向取 x 轴，该横波的表达式为

$$y=2\times10^{-3}\cos 2\pi(262t-3.3x)(\mathrm{SI})$$

(1) 说明波的传播方向；(2) 求出波的振幅、频率、波长和波速；(3) 位于 $x=0.5\mathrm{m}$ 处的质元在 $t=0.02\mathrm{s}$ 时的振动相位是多少？再过 $\Delta t=0.02\mathrm{s}$ 此相位将位于何处？(4) 位于 $x=0.5\mathrm{m}$ 处的质元在 $t=0.02\mathrm{s}$ 时的振动速度是多大？

解 (1) 波的传播方向为 x 轴正向.

(2) 从波的表达式可以看出，$A=2\times10^{-3}\mathrm{m}$，$\nu=262\mathrm{Hz}$，$\lambda=\frac{1}{3.3}\mathrm{m}=0.3\mathrm{m}$，$v=\lambda\nu=78.6\mathrm{m}\cdot\mathrm{s}^{-1}$.

(3) $x=0.5\mathrm{m}$，$t=0.02\mathrm{s}$ 时波的相位为

$$\varphi=2\pi(262\times0.02-3.3\times0.5)\mathrm{rad}=7.18\pi\ \mathrm{rad}$$

再过 0.02s，此相位将位于

$$x'=x+v\Delta t=2.07\mathrm{m}$$

(4) 振动速度的表达式为

$$u=\frac{\partial y}{\partial t}=-1\,048\pi\times10^{-3}\sin 2\pi(262t-3.3x)(\mathrm{m}\cdot\mathrm{s}^{-1})$$

将 $x=0.5\mathrm{m}$，$t=0.02\mathrm{s}$ 代入上式，得 $u=1.79\mathrm{m}\cdot\mathrm{s}^{-1}$.

12-12 设波源 B、波源 C 具有相同的振动方向和振幅，振幅为 1cm，初相位差为 π，相向发出两线性简谐波，两波频率均为 100Hz，波速为 $430\mathrm{m}\cdot\mathrm{s}^{-1}$，已知 B 为坐标原点，C 的坐标为 $y_C=30\mathrm{m}$，试求：(1) 两波源的振动表达式；(2) 两波的表达式；(3) 在 B、C 之间的直线上，因两波叠加而静止的各点的位置.

解 (1) 波源 B 和波源 C 的振动表达式分别为

$$x_B=0.01\cos(200\pi t+\phi)(\mathrm{m})$$

$$x_C=0.01\cos(200\pi t+\phi+\pi)(\mathrm{m})$$

(2) 从波源 B 发出的波的表达式为

$$x_B(y,t)=0.01\cos\left[200\pi\left(t-\frac{y}{430}\right)+\phi\right](\mathrm{m})$$

先以 C 为坐标原点，写出从 C 发出的波的表达式

$$x_C'(y',t)=0.01\cos\left[200\pi\left(t+\frac{y'}{430}\right)+\phi+\pi\right](\mathrm{m})$$

变换到以 B 为原点的坐标系中（见解图 12-12），由 $x'=x$，$y'=y-30$，得

$$x_C(y,t)=0.01\cos\left[200\pi\left(t+\frac{y-30}{430}\right)+\phi+\pi\right](\mathrm{m})$$

（3）两波在 y 轴上任一点的相位差为

$$\begin{aligned}\Delta\varphi&=\left[200\pi\left(t+\frac{y-30}{430}\right)+\phi+\pi\right]-\left[200\pi\left(t-\frac{y}{430}\right)+\phi\right]\\&=\pi\left(1+\frac{4y-60}{4.3}\right)\end{aligned}$$

当 $\Delta\varphi=(2n+1)\pi$，$n\in\mathbb{Z}$ 时，两波相干相消，因叠加而静止. 这时，$y=15+2.15n$，但 $y\in[0,30]$，因此，$n=-6,\ -5,\ \cdots,\ 0,\ 1,\ \cdots,\ 6$.

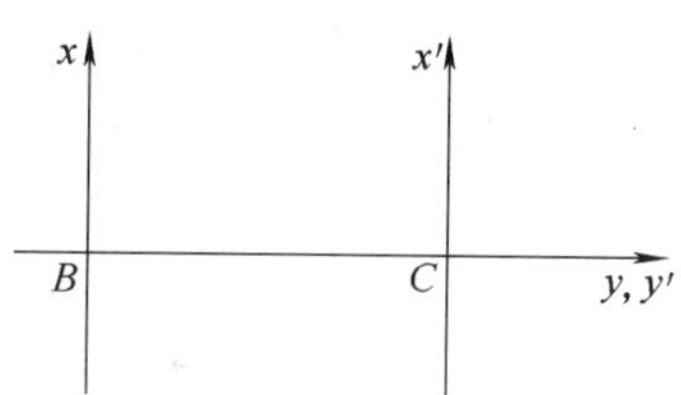

解图 12-12

12-13 人耳能分辨的声强级的差别是 1dB，声强级有此差别的两声波的振幅之比如何？

解 依题意，有

$$L_2-L_1=10\log\frac{I_2}{I_0}-10\log\frac{I_1}{I_0}=1$$

于是，$\dfrac{I_2}{I_1}=10^{0.1}=1.26$，考虑到$\dfrac{I_2}{I_1}=\dfrac{A_2^2}{A_1^2}$，所以$\dfrac{A_2}{A_1}=\sqrt{\dfrac{I_2}{I_1}}=1.12$.

12-14 一只唢呐演奏的平均声强级约为 70dB，五只同样唢呐同时演奏的声强级多大？

解 由题意知

$$L_1=10\ \log\frac{I_1}{I_0}=70$$

五只同样唢呐同时演奏的声强级为

$$L_5=10\ \log\frac{5I_1}{I_0}=10\left(\log 5+\log\frac{I_1}{I_0}\right)=77\mathrm{dB}$$

12-15 一喷气式飞机起飞时，距它 60m 处的声强级是 120dB，此处声音的强度多大（用 $\mathrm{W\cdot m^{-2}}$ 表示）？距它 120m 处的声强级多大？假设声波是球面波而且空气不吸收声波的能量.

解　由 $L_{60}=10\ \log\dfrac{I_{60}}{I_0}=120$，得

$$I_{60}=10^{12}I_0=1.0\text{W}\cdot\text{m}^{-2}$$

由 $4\pi r_{120}^2 I_{120}=4\pi r_{60}^2 I_{60}$，得

$$L_{120}=10\ \log\frac{I_{120}}{I_0}=10\ \log\frac{r_{60}^2 I_{60}}{r_{120}^2 I_0}=L_{60}-10\ \log 4=114\text{dB}$$

12-16　街道噪声声强级为65dB，在附近一个1.2m见方的空窗口1s内接收此噪声的能量是多少焦耳？

解　根据题意，有

$$10\ \log\frac{I}{I_0}=65,\ I_0=1\times10^{-12}\text{W}\cdot\text{m}^{-2}$$

于是

$$I=3.16\times10^{-6}\text{W}\cdot\text{m}^{-2}$$

故 $W=IS=4.55\times10^{-6}$J.

12-17　一固定的声源发出频率为100kHz的超声波. 一汽车向超声源迎面驶来，在超声源处接收到从汽车反射回来的超声波，其频率从测频装置中测出110kHz. 设空气中的声速为330m · s^{-1}，试计算汽车的行驶速度.

解　设汽车相对于空气以速度 u 趋近超声源；同时汽车反射波，所以又可将汽车看做以速度 u 运动的声源，即 $u_o=u_s=u$. 由公式

$$\nu'=\frac{v+u_o}{v-u_s}\nu$$

可得

$$u=\frac{\nu'-\nu}{\nu'+\nu}v=15.7\text{m}\cdot\text{s}^{-1}$$

12-18　在血管内血流的速率一般约为0.32m · s^{-1}，频率为4.00MHz的超声波沿着血流的方向发射而被红血球反射回来，如果超声波在人体内的速度是1.5×10^{3}m · s^{-1}，则入射波和反射波的频率差是多少？

解　根据题意有 $u_o=u_s=-0.32\text{m}\cdot\text{s}^{-1}$. 由公式

$$\nu'=\frac{v+u_o}{v-u_s}\nu$$

可得 $\nu'=3.998\ 29$MHz，于是 $\Delta\nu=\nu-\nu'=1.71$kHz.

第 13 章　光　　波

13.1　重点与难点

重点内容

1. 光的干涉的分类

（1）分波面干涉；

（2）分振幅干涉.

2. 杨氏双缝干涉

（1）光强分布（设振动方向理想平行）：$I=4I_0\cos^2\dfrac{\delta}{2}$，$\delta=\dfrac{2\pi}{\lambda}(r_2-r_1)$，杨氏干涉条纹为等间距、明暗相间的直条纹.

（2）主要公式

光程差　$\Delta L=\dfrac{xd}{D}$.

明纹中心坐标　$x=k\dfrac{\lambda D}{d}$，$k\in\mathbb{Z}$.

暗纹中心坐标　$x=\dfrac{2k+1}{2}\dfrac{\lambda D}{d}$，$k\in\mathbb{Z}$.

条纹间距　$\Delta x=\dfrac{\lambda D}{d}$.

3. 薄膜干涉

（1）光程差公式 $\Delta L=2nh\cos i\left(\pm\dfrac{\lambda}{2}\right)$，$i$ 为薄膜下表面光的入射角，括号中的量为半波损失引入的光程差.

明纹条件 $\Delta L=k\lambda$，暗纹条件 $\Delta L=\dfrac{2k+1}{2}\lambda$，$k=0，1，2，\cdots$.

（2）等倾圆环的特点：明暗相间，内疏外密，中央级次最高.

（3）劈尖干涉的条纹间距 $\Delta x = \dfrac{\lambda}{2n\alpha}$.

（4）牛顿环的特点：明暗相间，内疏外密，边缘级次较高，中心为暗斑.

暗纹半径公式 $r = \sqrt{kR\lambda}$.

4. 光的衍射的分类

（1）夫琅禾费衍射；

（2）菲涅尔衍射.

5. 单缝夫琅禾费衍射

（1）光强分布 $I = I_0\left(\dfrac{\sin\alpha}{\alpha}\right)^2$，$\alpha = \dfrac{\pi a\sin\theta}{\lambda}$.

（2）主要结论

暗纹位置 $\sin\theta = k\dfrac{\lambda}{a}$，$k = \pm 1, \pm 2, \cdots$.

极大位置 $\sin\theta = \pm 1.43\dfrac{\lambda}{a}, \pm 2.46\dfrac{\lambda}{a}, \cdots$.

主极大的半角宽 $\Delta\theta \approx \dfrac{\lambda}{a}$.

6. 圆孔夫琅禾费衍射

主极大（爱瑞斑）的半角宽 $\Delta\theta = 0.61\dfrac{\lambda}{R} = 1.22\dfrac{\lambda}{D}$.

7. 平面透射光栅

（1）光强分布

$$I = I_0\left(\frac{\sin\alpha}{\alpha}\right)^2\left(\frac{\sin N\beta}{\sin\beta}\right)^2$$

式中

$$\alpha = \frac{\pi a\sin\theta}{\lambda},\ \beta = \frac{\pi d\sin\theta}{\lambda}$$

（2）光栅方程 $d\sin\theta = k\lambda$，$k \in \mathbb{Z}$.

（3）主极大的半角宽 $\Delta\theta = \dfrac{\lambda}{Nd\cos\theta_k}$，其中 θ_k 由 $\sin\theta_k = \dfrac{k\lambda}{d}$确定.

8. 分辨本领

（1）透镜的最小分辨角 $\Delta\phi = 0.61\dfrac{\lambda}{R} = 1.22\dfrac{\lambda}{D}$.

（2）光栅的分辨本领 $R = \dfrac{\lambda}{\Delta\lambda} = kN$.

9. 光的偏振态

自然光，线偏振光（平面偏振光），部分偏振光，圆偏振光，椭圆偏振光.

10. 晶体的二向色性，马吕斯定律

$$I = I_0\cos^2\alpha$$

11. 反射和折射光的偏振态，布儒斯特定律

$$\tan i_B = \frac{n_2}{n_1}$$

12. 双折射

（1）o 光和 e 光的概念，o 光和 e 光次波面的形状，正晶与负晶的特点.

（2）主平面和主截面，o 光和 e 光的振动方向的实验规律.

13. 波晶片的结构及作用

14. 怎样鉴别五种偏振光

15. 旋光性

（1）旋光晶体 $\theta = \alpha d$.

（2）旋光溶液 $\theta = \alpha c d$.

难点分析

1. 在薄膜干涉的光程差公式中，当薄膜上下两个表面的反射都存在半波损失或都不存在半波损失时，不含有 $\lambda/2$ 项，仅当两个表面的反射只有一个存在半波损失时，才含有 $\lambda/2$ 项.

2. 在光栅衍射中，如果单缝衍射因子的零点位置与光栅方程确定的极大位置重合，会出现缺级现象，屏幕上呈现的条纹的最高级次将受到 $|\sin\theta| = \dfrac{k\lambda}{d} \leqslant 1$ 的限制. 计算屏幕上呈现的衍射条纹的全部级数时，应同时考虑上面两个因素.

3. 光栅具有色散能力，复色光垂直入射到光栅上时，在观察屏上将出现复色光的光栅光谱，当 k 足够大时，相邻两个级次的光谱会发生重叠现象，这时光谱是不完整的.

4. 波晶片只对特定波长的单色光起作用，比如针对某种单色光的 $\lambda/4$ 波片将不适用于复色光或其他波长的单色光.

13.2 习题解答

13-1 在杨氏双缝干涉装置中，以 He-Ne 激光（632.8nm）束直接照射双孔，双孔间隔为 0.5mm，屏幕在 2m 远，求条纹的间距，它是光波长的多少倍？

解 干涉条纹的间距 $\Delta x = D\lambda/d = 2.53\times10^{-3}\text{m} = 2.53\text{mm}$

与光波长之比为

$$\Delta x/\lambda = 4\times10^{3}$$

13-2 在杨氏双缝干涉实验装置中，入射光的波长为 550nm，用一片厚度为 8.53×10^{3}nm 的薄云母片覆盖双缝中的一条狭缝，这时屏幕上的第 9 级明纹恰好移到屏幕中央原零级明纹的位置，问该云母片的折射率为多少？

解 如解图 13-2 所示，用云母片覆盖后与覆盖前光程差的改变量为 $nh-h=(n-1)h$. 由题意有

$$(n-1)h = k\lambda$$

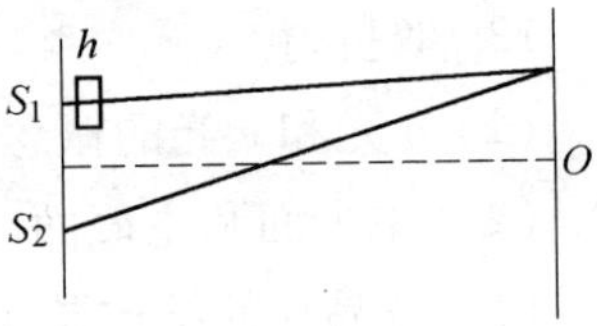

所以

$$n = \frac{k\lambda}{h} + 1 = 1.58$$

解图 13-2

13-3 在杨氏干涉实验装置中，采用加有蓝绿色滤光片的白光光源，其波长范围为 $\Delta\lambda = 100$nm，平均波长为 $\lambda = 490$nm. 试估算从第几级条纹开始，条纹将变得无法分辨？

解 设通过蓝绿色滤光片的波长范围为（λ_1，λ_2），则依题意有

$$\lambda_2 - \lambda_1 = \Delta\lambda = 100\text{nm}, \lambda = \frac{1}{2}(\lambda_1 + \lambda_2) = 490\text{nm}$$

对应于 λ_1 和 λ_2，杨氏干涉条纹中 k 级极大的位置分别为

$$x_1 = k\frac{D}{d}\lambda_1, x_2 = k\frac{D}{d}\lambda_2$$

因而 k 级明条纹的宽度为

$$x_2 - x_1 = k\frac{D}{d}(\lambda_2 - \lambda_1) = k\frac{D}{d}\Delta\lambda$$

当上述宽度大于或等于相应平均波长的条纹间距时，干涉条纹将变得模糊不清，这个条件可表示为

$$k\frac{D}{d}\Delta\lambda \geqslant \frac{D}{d}\lambda, \text{即 } k \geqslant \frac{\lambda}{\Delta\lambda} = 4.9$$

所以,从第5级开始,干涉条纹将变得无法分辨.

13-4 用白光作光源观察杨氏双缝干涉. 设缝间距为 d,试求能观察到的清晰可见光谱的级次.

解 设双缝到屏幕的距离为 D,白光波长在 390 ~ 750nm 范围. k 级干涉明纹位置为 $x_k = k\frac{D}{d}\lambda$. 当某一级次的红光与高一级次的紫光发生重叠时,干涉条纹就变得不清晰,即满足

$$k\frac{D}{d}\lambda_{红} = (k+1)\frac{D}{d}\lambda_{紫}$$

因而

$$k = \frac{\lambda_{紫}}{\lambda_{红} - \lambda_{紫}} = 1.08$$

上式表明,清晰可见的干涉条纹只有 $k = 0, \pm 1$ 三级.

13-5 一平面单色光波垂直照射在厚度均匀的薄油膜上,油膜覆盖在玻璃板上. 油的折射率为 1.30,玻璃的折射率为 1.50,若单色光的波长可由光源连续调节,只观察到 500nm 和 700nm 这两个波长的单色光在反射中强度减至最小. 试求油膜层的厚度.

解 反射光相干相消的条件是

$$2nh = (k+1/2)\lambda_1$$

$$2nh = (k+1+1/2)\lambda_2$$

由以上二式解得

$$k = \frac{\lambda_1 - 3\lambda_2}{2(\lambda_2 - \lambda_1)}, h = \frac{\lambda_1\lambda_2}{2n(\lambda_1 - \lambda_2)}$$

将 $\lambda_1 = 700\text{nm}$、$\lambda_2 = 500\text{nm}$ 和 $n = 1.30$ 代入上式可得

$$k = 2,\ h = 673\text{nm}$$

即油膜厚 673nm.

13-6 白光垂直照射到空气中一厚度为 395nm 的肥皂膜上，设肥皂膜的折射率为 1.33. 试问该膜的正面呈现什么颜色？背面呈现什么颜色？

解 反射光加强的条件为

$$2nh + \frac{1}{2}\lambda = k\lambda,\ k \in \mathbb{Z}$$

$$\lambda = \frac{4nh}{2k-1}$$

在可见光范围内有两种波长满足上式：$k=2$：$\lambda=700\text{nm}$（红色）；$k=3$：$\lambda=420\text{nm}$（紫色）.

透射光加强即反射光相消的条件为

$$2nh+\frac{1}{2}\lambda=\left(k+\frac{1}{2}\right)\lambda,\ k\in\mathbb{Z}$$

$$\lambda=\frac{2nh}{k}$$

可见光范围内只有 $\lambda=525\text{nm}$（绿色）满足上式.

综上所述，正面呈紫红色，背面呈绿色.

13-7　在半导体生产中需要测量 Si 片上 SiO_2 薄膜的厚度，为此将 SiO_2 薄膜磨成劈形，如习题 13-7 图所示. 已知 Si 的折射率为 3.4，SiO_2 的折射率为 1.5，用波长为 633nm 的光垂直照射，观察到整个斜面上有 10 条明纹和 9 条暗纹，求 SiO_2 薄膜的厚度.

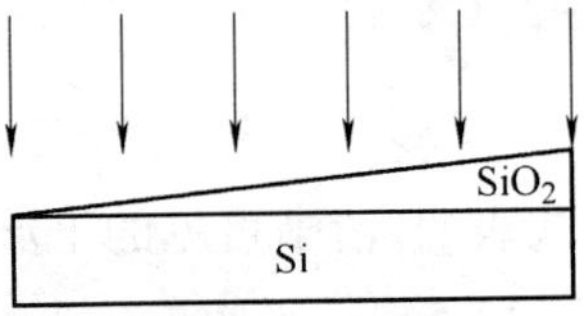

习题 13-7 图

解　SiO_2 薄膜上、下两表面反射光相干增强的条件为 $2nh=k\lambda$，相邻明纹（或暗纹）对应的薄膜厚度差为

$$\Delta h=\frac{\lambda}{2n}$$

根据题意，薄膜上表面形成 9 个完整的干涉条纹，因此，薄膜厚度

$$H=9\Delta h=9\ \frac{\lambda}{2n}=1.90\times10^{3}\text{nm}$$

13-8　利用等厚条纹可以检验精密加工工件表面的质量. 在工件上放一平板，使其间形成一空气劈形膜（习题 13-8 图 a）. 今观察到干涉条纹如习题 13-8 图 b 所示. 试根据纹路弯曲方向，判断工件表面上纹路是凹还是凸？并求纹路深度.

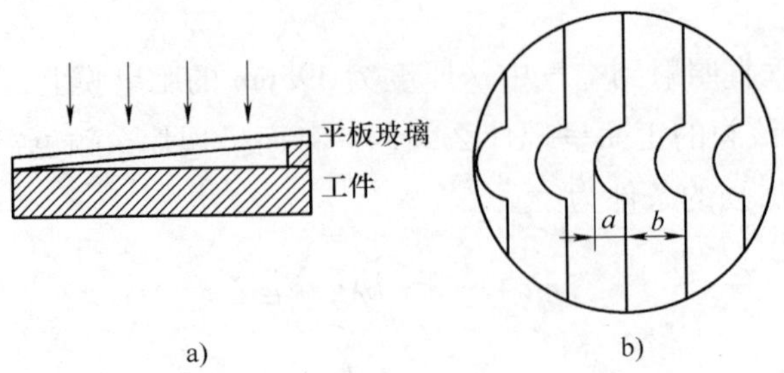

习题 13-8 图

解 从习题13-8图中可以看出，条纹向着棱边方向弯曲，说明弯曲处对应的空气膜较厚，所以工件表面上的纹路是凹的.

假设纹路深度为 H，相邻条纹所对应的薄膜厚度差为 $\Delta h = h_2 - h_1 = \dfrac{\lambda}{2}$，见解图13-8. 由几何关系可得

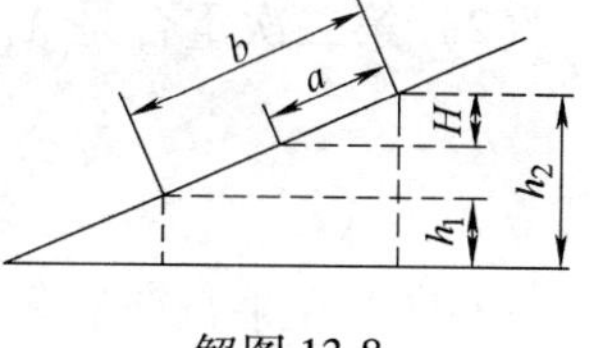

解图 13-8

$$\frac{b}{a} = \frac{\Delta h}{H}$$

于是有

$$H = \frac{a}{b}\Delta h = \frac{a\lambda}{2b}$$

13-9 一平凸透镜放在平板玻璃上，在反射光中观察牛顿环，当 $\lambda_1 = 450\text{nm}$ 时，观测到第3级明环的半径为 $1.06 \times 10^{-3}\text{m}$；换为红光时，观察到第5级明环的半径为 $1.77 \times 10^{-3}\text{m}$. 求透镜的曲率半径及红光的波长.

解 由题意，有

$$r_1 = \sqrt{(k_1 - 1/2)R\lambda_1}$$

由此可解得

$$R = \frac{2r_1^2}{\lambda_1(2k_1 - 1)} = 0.999\text{m}$$

对于红光有

$$r_2 = \sqrt{(k_2 - 1/2)R\lambda_2}$$

因此有

$$\lambda_2 = \frac{r_2^2\lambda_1(2k_1 - 1)}{r_1^2(2k_2 - 1)} = 697\text{nm}$$

13-10 在观察牛顿环的干涉条纹时，所有光源包括两种波长，一种波长为 $\lambda_1 = 486.1\text{nm}$，另一种波长 λ_2 未知. 已知从中心数 λ_1 的第8个暗环与 λ_2 的第9个暗环正好重合.（1）求未知波长 λ_2；（2）λ_1 和 λ_2 的暗环将在较大半径处发生第二次重合，求第二次重合处 λ_1 的暗环级次.

解 （1）对于波长 λ 的单色光，牛顿环第 k 级暗纹半径为 $r_k = \sqrt{kR\lambda}$. 根据题意，有

$$\sqrt{8R\lambda_1} = \sqrt{9R\lambda_2}$$

于是

$$\lambda_2=\frac{8}{9}\lambda_1=432.1\text{nm}$$

（2）第二次重合是 λ_1 的第 k 级暗纹与 λ_2 的第 $k+2$ 级暗纹重合，所以

$$k=\frac{2\lambda_2}{\lambda_1-\lambda_2}=16$$

13-11　在平行薄膜等倾干涉装置中，透镜焦距为 $f=20\text{cm}$，光源波长为 $\lambda=600\text{nm}$. 产生干涉现象的是玻璃板（$n_2=1.5$）上的氟化镁（$n_1=1.38$）涂层，其厚度为 $h=5.00\times10^{-2}\text{mm}$. 试问：（1）在反射光方向上观察到的干涉条纹，其中心是亮点还是暗点?（2）从中心向外计算，第 5 个亮环的半径为多少?

解　（1）中心点的光程差

$$\Delta L=2n_1h=k_0\lambda \qquad ①$$

中心点的级次为

$$k_0=\frac{2n_1h}{\lambda}=230$$

k_0 为整数，故中心点为亮点.

（2）从中心向外数，第 5 个亮环的级次为 $k=225$，该级亮环的折射角满足

$$2n_1h\cos r=k\lambda \qquad ②$$

式①与式②联立，可求出

$$r=\arccos\frac{k}{k_0}=0.209\text{rad}$$

由折射定律 $\sin i=n_1\sin r$，得入射角

$$i=\arcsin(n_1\sin r)=0.290\text{rad}$$

于是，第 5 个亮环的半径为

$$r_5=f\tan i=5.97\text{cm}$$

13-12　在单缝夫琅禾费衍射中，用水银灯发出的波长为 546nm 的绿色平行光垂直入射到单缝上，测得第 2 级暗纹到衍射图样中心的线距离为 0.30cm. 当用一未知波长的光作实验时，测得第 3 级暗纹到中心距离为 0.42cm. 试求未知波长.

解　根据单缝夫琅禾费衍射的暗纹公式

$$\sin\theta=k\frac{\lambda}{a},\ k=\pm1,\ \pm2,\ \pm3,\ \cdots$$

并由题意可以写出

$$x_1 = f\tan\theta_1 \approx f\sin\theta_1 = \frac{2\lambda_1}{a}f$$

$$x_2 = f\tan\theta_2 \approx f\sin\theta_2 = \frac{3\lambda_2}{a}f$$

以上二式相除可得

$$\lambda_2 = \frac{2x_2}{3x_1}\lambda_1 = 510\text{nm}$$

13-13　在单缝夫琅禾费衍射实验中，若某一光波的第 3 级极大恰与波长为 700nm 的光的第 2 级极大重合，求此光波的波长.

解　由单缝夫琅禾费衍射的极大近似公式

$$\sin\theta = \left(k + \frac{1}{2}\right)\frac{\lambda}{a}$$

有

$$\left(3 + \frac{1}{2}\right)\frac{\lambda'}{a} = \left(2 + \frac{1}{2}\right)\frac{\lambda}{a}$$

由上式得 $\lambda' = \frac{5}{7}\lambda = 500\text{nm}$.

13-14　使单色平行光垂直入射到一个双缝上（可以把它看成是只有两条缝的光栅），其夫琅禾费衍射包线的中央极大宽度内恰好有 13 条干涉明条纹. 试问两缝中心的间距 d 与缝宽 a 应有何关系？

解　衍射包线的中央极大就是单缝衍射的中央极大，第一级暗纹的衍射角 θ 满足

$$a\sin\theta = \lambda \qquad ①$$

包线内的明纹是缝间干涉的结果，恰有 13 条明纹说明光栅衍射的 ±7 级缺级，故第 7 级对应角度也是 θ，它同时满足

$$d\sin\theta = 7\lambda \qquad ②$$

由式①及式②可得 $d = 7a$.

13-15　以波长为 589.3nm 的钠黄光垂直入射到光栅上，测得第 2 级谱线的偏角为 28°8′. 用另一未知单色光入射时，它的第 1 级谱线的偏角是 13°30′. (1) 求未知波长；(2) 未知波长的谱线最多能观察到第几级？

解　(1) 记 $\lambda_1 = 589.3\text{nm}$，$\lambda_2$ 为未知波长. 依题意有

$$d\sin\theta_1 = 2\lambda_1,\quad d\sin\theta_2 = \lambda_2$$

由以上二式可得

$$\lambda_2 = 2\lambda_1 \frac{\sin\ \theta_2}{\sin\ \theta_1} = 584\text{nm}$$

（2）由光栅方程 $d\sin\ \theta = k\lambda$ 及 $|\sin\ \theta| \leqslant 1$，得

$$\left|\frac{k\lambda_2}{d}\right| \leqslant 1 \text{ 或 } |k| \leqslant \frac{2\lambda_1/\sin\ \theta_1}{\lambda_2} = 4.28$$

故最多只能观察到第 4 级.

13-16　一光栅每厘米刻线 5 000 条，共 3cm.（1）求该光栅的 2 级光谱在 500nm 附近的角色散率.（2）在 2 级光谱的 500nm 附近能分辨的最小波长差是多少?

解　（1）光栅常量 $d = 1/5\,000\text{cm} = 2 \times 10^{-4}\text{cm} = 2 \times 10^3\text{nm}$. 由光栅方程

$$d\sin\ \theta = k\lambda,\ k = 2$$

可得 $\theta = \frac{\pi}{6}$. 角色散率为

$$D_\theta = \frac{k}{d\cos\ \theta} = 11.5\text{rad} \cdot \text{nm}^{-1}$$

（2）能分辨的最小波长差

$$\Delta\lambda = \frac{\lambda}{kN} = \frac{\lambda}{kw/d} = 0.017\text{nm}$$

13-17　用每毫米内有 1 200 条缝的 15cm 光栅作为分光元件，组装成一台光栅光谱仪.（1）试问它的 1 级光谱在可见光波段的中部（550nm）能分辨的最小波长差是多少?（2）如果用照相底片摄谱由于乳胶颗粒密度的影响，感光底片的空间分辨本领为每毫米 200 条. 为了充分利用光栅的色分辨本领，试问这台光谱仪器的焦距至少要有多长?

解　（1）已知光栅常量 $d = \frac{1}{1\,200}\text{mm} = 8.33 \times 10^{-4}\text{mm} = 8.33 \times 10^{-7}\text{m}$，光栅宽度 $w = 15\text{cm} = 0.15\text{m}$. 于是光栅总缝数 $N = w/d = 1.8 \times 10^5$. 根据光栅的分辨本领公式 $\frac{\lambda}{\Delta\lambda} = kN$，得 1 级光谱在 550nm 附近能分辨的最小波长差为

$$\Delta\lambda = \frac{\lambda}{kN} = 0.003\text{nm}$$

（2）为了充分利用光栅的色分辨本领，应将最小波长差分开到 $\Delta l = \frac{1}{200}\text{mm}$ 的线距离，即

$$f D_\theta \Delta\lambda = f \frac{k}{d\cos\theta}\Delta\lambda = \Delta l$$

由光栅方程，有 $d\cos\theta = \sqrt{d^2 - (d\sin\theta)^2} = \sqrt{d^2 - (k\lambda)^2}$. 于是，光谱仪的焦距应为

$$f = \frac{\Delta l}{D_\theta \Delta\lambda} = \frac{\Delta l d\cos\theta}{k(\lambda/kN)} = \frac{N\Delta l\sqrt{d^2-(k\lambda)^2}}{\lambda} = 1.02\text{m}$$

13-18 在迎面驶来的汽车上，两盏前灯相距 1.2m，试问在汽车离人多远的地方，人眼恰能分辨这两盏灯？设夜间人眼瞳孔直径为 5.0mm，入射光波长为 550nm，而且仅考虑人眼瞳孔的衍射效应.

解 人眼的最小分辨角为

$$\Delta\theta = 1.22\frac{\lambda}{D}$$

恰能分辨时有 $\Delta r = l\Delta\theta$，所以

$$l = \frac{\Delta r}{1.22\dfrac{\lambda}{D}} = \frac{\Delta r D}{1.22\lambda} = 8.9\times10^3\text{m}$$

13-19 已知天空中两颗星相对于一望远镜的角距离为 4.84×10^{-6}rad，它们发出的光波波长为 550nm. 问望远镜的口径至少要多大才能分辨出这两颗星？

解 根据最小分辨角公式

$$\Delta\theta = 1.22\frac{\lambda}{D}$$

解得望远镜能分辨出这两颗星的最小口径为

$$D = \frac{1.22\lambda}{\Delta\theta} = 0.139\text{m}$$

13-20 在通常亮度下，人眼瞳孔直径约为 3mm，问人眼的最小分辨角是多大？远处两根细丝之间的距离为 2mm，问细丝离开多远时人眼恰能分辨？

解 取波长为人的视觉最敏感波长 $\lambda = 550$nm，人眼的最小分辨角为

$$\Delta\theta = 1.22\frac{\lambda}{D} = 2.24\times10^{-4}\text{rad}\approx 1'$$

设细丝间距为 Δl，人与细丝相距 L，则恰能分辨情况下

$$L = \frac{\Delta l}{\Delta\theta} = 8.9\text{m}$$

13-21 在钠蒸气发出的光中，有波长为 589.0nm 和 589.6nm 的两条谱线.

使用每毫米有 1 200 条缝的 15cm 宽的光栅，试求在 1 级光谱中这两条谱线的角位置、角距离和谱线的半角宽.

解 光栅常量 $d=\frac{1}{1\ 200}\text{mm}=8.33\times10^{-4}\text{mm}=8.33\times10^{-7}\text{m}$，光栅宽度 $w=15\text{cm}=0.15\text{m}$，光栅总缝数 $N=w/d=1.8\times10^{5}$.

由光栅方程 $d\sin\theta=k\lambda$，$k=1$，得

$$\theta_1=\arcsin\frac{\lambda_1}{d}=0.785\text{rad}=44.98°$$

$$\theta_2=\arcsin\frac{\lambda_2}{d}=0.786\text{rad}=45.03°$$

角距离

$$\Delta\theta=\theta_2-\theta_1=0.01\text{rad}=0.05°$$

谱线的半角宽

$$\Delta\theta=\frac{\lambda}{Nd\cos\theta}=5.55\times10^{-6}\text{rad}=0.019'$$

13-22 以波长 400 ~ 760nm 的白光照射光栅，在衍射光谱中，第 2 级和第 3 级发生重叠，试求第 2 级光谱被重叠的波长范围.

解 记 $\lambda_p=400\text{nm}$，设第 2 级光谱被重叠的最短波长为 $\lambda_{\min}$，则由光栅方程可得

$$d\sin\theta=2\lambda_{\min}=3\lambda_p$$

则

$$\lambda_{\min}=\frac{3}{2}\lambda_p=600\text{nm}$$

故第 2 级光谱被重叠的波长范围为 600 ~ 760nm

13-23 波长为 600nm 的单色光垂直入射在一光栅上，第 2 级和第 3 级谱线分别出现在衍射角 θ 满足关系式 $\sin\theta_2=0.2$ 和 $\sin\theta_3=0.3$ 处，第 4 级为缺级. 试求：(1) 该光栅的光栅常量 d 及光栅狭缝的最小可能宽度 a；(2) 按此 d 和 a 的值，列出屏幕上可能呈现的谱线的全部级数.

解 (1) 由光栅方程可得

$$d=\frac{2\lambda}{\sin\theta_2}=10\lambda=6\ 000\text{nm}$$

根据第 4 级缺级可知，a 的最小可能取值为

$$a=\frac{d}{4}=1\ 500\text{nm}$$

(2) 根据光栅方程，有

$$|\sin\theta| = \left|k\frac{\lambda}{d}\right| \leqslant 1$$

由上式可得

$$|k| \leqslant \frac{d}{\lambda} = 10$$

考虑到缺级，屏幕上可观察的条纹级次为0、±1、±2、±3、±5、±6、±7、±9共15级.

13-24 宽为4.2cm的光栅，若它所产生的第1级光谱的分辨本领是6×10^4.（1）求该光栅的光栅常量；（2）若要分开波长为600nm和600.004nm的两条谱线，问至少应该观察第几级光谱？

解 （1）光栅的分辨本领

$$R = kN = k\frac{w}{d}$$

所以光栅常量为

$$d = \frac{kw}{R} = 0.7\times10^{-6}\text{m}$$

（2）由光栅分辨本领公式，有

$$R = k\frac{w}{d} = \frac{\lambda}{\Delta\lambda}$$

$$k = \frac{\lambda d}{\Delta\lambda w} = 2.5$$

因此，至少应该观察第3级光谱.

13-25 在一对正交的偏振片之间插入另一个偏振片，其偏振化方向与前两者的偏振化方向均成45°角. 问自然光经过它们后的强度减为原来的百分之几？

解 设入射自然光强度为I_0，则透过第一个偏振片P_1后的光强为$I_1 = I_0/2$，透过偏振片P后的光强为$I_p = I_1\cos^2 45°$（见解图13-25），透过偏振片P_2后的光强为

$$I_2 = I_p\cos^2 45° = \frac{1}{2}\cos^4 45° I_0 = \frac{1}{8}I_0$$

所以

$$\frac{I_2}{I_0} = \frac{1}{8} = 12.5\%$$

13-26 在两块正交偏振片P_1、P_3之间插入另一块偏振片P_2，光强为I_0的自

然光垂直入射于偏振片 P_1．求转动 P_2 时，透过 P_3 的光强 I 与转角的关系.

解 如解图 13-26 所示，设 P_1 与 P_2 的偏振化方向之间的夹角为 θ，自然光透过 P_1 的光强为 $I_0/2$.

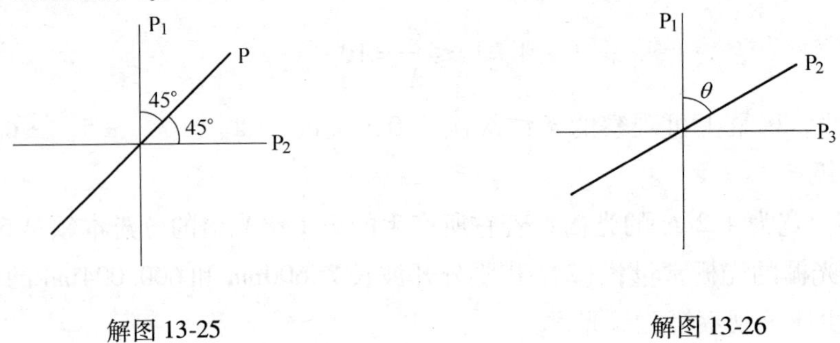

解图 13-25 解图 13-26

根据马吕斯定律，透过 P_2 后的光强为 $\frac{I_0}{2}\cos^2\theta$. 同理，再透过 P_3 后的光强为

$$I = \frac{I_0}{2}\cos^2\theta\cos^2\left(\frac{\pi}{2}-\theta\right) = \frac{1}{8}I_0\sin^2(2\theta)$$

13-27 自然光通过两个偏振化方向成 60°角的偏振片，透射光强为 I_1. 若在这两个偏振片之间再插入另一个偏振片，它的偏振化方向与前两个偏振片的偏振化方向均成 30°角，则透射光强为多少？

解 设入射自然光的强度为 I_0，则插入另一偏振片前

$$I_1 = \frac{1}{2}I_0\cos^2 60° \quad ①$$

插入另一偏振片之后，有

$$I_2 = \frac{1}{2}I_0\cos^2 30°\cos^2 30° \quad ②$$

比较式①与式②，得

$$I_2 = \frac{\cos^4 30°}{\cos^2 60°}I_1 = \frac{9}{4}I_1$$

13-28 偏振片 P_1 和 P_2 的偏振化之间的夹角为 θ，用光强为 I_1 的自然光和光强为 I_2 的线偏振光同时垂直入射到 P_1，若线偏振光的光振动方向与 P_1 的偏振化方向间的夹角为 α，则从系统透射出来的光强将随 α 和 θ 如何变化？

解 自然光透过 P_1 后的光强为 $I_1/2$，线偏振光透过 P_1 后的光强为 $I_2\cos^2\alpha$，所以透过 P_1 的总光强为

$$I_{P1}=\frac{I_1}{2}+I_2\cos^2\alpha$$

透过 P_2 后的总光强为

$$I_{P2}=I_{P1}\cos^2\theta=\left(\frac{I_1}{2}+I_2\cos^2\alpha\right)\cos^2\theta$$

13-29 一束线偏振光和自然光的混合光，当它垂直入射到一偏振片并旋转偏振片时，测得透射光强的最大值是最小值的5倍. 求入射光束中线偏振光与自然光的光强之比.

解 设线偏振光光强为 I_1，自然光光强度为 I_2，则最大光强为 $I_1+I_2/2$，最小光强为 $I_2/2$. 根据题意有

$$\frac{I_1+I_2/2}{I_2/2}=5$$

解得 $I_1=2I_2$.

13-30 一束自然光通过两个偏振化方向成60°角的偏振片，若每个偏振片吸收10%可通光的光线，求出射光强与入射光强之比.

解 设入射自然光光强为 I_0，则有

$$I/I_0=\frac{1}{2}(1-10\%)^2\cos^2 60°=\frac{81}{800}=10.125\%$$

13-31 布儒斯特定律提供了一种测量不透明电介质折射率的方法. 今测得某电介质的布儒斯特角为57°，试求该电介质的折射率.

解 由布儒斯特定律有

$$\tan i_B=\frac{n}{1}=n$$

则

$$n=\tan 57°=1.54$$

13-32 一表面平行的玻璃板放置在空气中，空气折射率近似为1，玻璃折射率为 $n=1.50$，入射光以布儒斯特角入射到玻璃板的上表面时，折射角是多大? 折射光在下表面反射时，其反射光是否为线偏振光?

解 由 $\tan i_B=n$ 可得

$$i_B=\arctan n=\arctan 1.50=56.3°$$

折射角为

$$r=90°-i_B=33.7°$$

对于下表面，布儒斯特角满足 $\tan i_B'=\frac{1}{n}$，从中求出 $i_B'=\arctan\frac{1}{n}=33.7°$.

所以，经玻璃板上表面折射的光线也以布儒斯特角入射到玻璃板下表面，反射光也是线偏振光.

13-33 波长为589nm的左旋圆偏振光垂直入射到石英做成的波片上，波片厚度为5.56×10^{-2}cm. 试确定出射光的偏振态. 设石英的$n_o=1.544$，$n_e=1.553$.

解 将入射光的振动分解为平行于光轴与垂直于光轴的两个分量，并设光轴与y轴一致. 由于入射光是左旋圆偏振光，故入射前两振动的相位差为$\Delta\varphi'=-\dfrac{\pi}{2}$.

石英为正晶体，$n_o<n_e$，它所造成的相位差为

$$\Delta\varphi''=\frac{2\pi}{\lambda}(n_o-n_e)d=-17\pi$$

是π的奇数倍，因此所给晶片为$\dfrac{\lambda}{2}$波片. 光从晶体出射时，两个方向振动的相位差为

$$\Delta\varphi=\Delta\varphi'+\varphi''=\frac{\pi}{2}-18\pi$$

所以出射光为右旋圆偏振光.

13-34 在两个偏振化方向相互平行的偏振片之间，平行放置一片垂直于光轴切割的石英片. 已知石英对钠黄光的旋光率为$21.7°\cdot nm^{-1}$. 试问当石英晶片的厚度为多少时，钠黄光不能通过第二个偏振片？

解 欲使钠黄光不能通过第二个偏振片，须使石英晶体将钠黄光的偏振面转过$\pi/2$的奇数倍，即

$$\varphi=\alpha d=\frac{\pi}{2}+k\pi,\ k=0,\ 1,\ 2,\ \cdots$$

于是

$$d=\left(k+\frac{1}{2}\right)\frac{\pi}{\alpha}=(8.3k+4.15)\,nm$$

满足条件的最小厚度为4.15nm.

13-35 一未知浓度的葡萄糖水溶液装满在12.0cm长的玻璃管中，当一单色线偏振光垂直于管端面，沿管的中心轴线通过，从检偏器测得光的振动面旋转了1.23°. 已知葡萄糖溶液的旋光率为$20.5°\cdot cm^3\cdot dm^{-1}\cdot g^{-1}$. 求葡萄糖溶液的浓度.

解　由公式 $\varphi=[\alpha]cd$，得葡萄糖溶液的浓度

$$c=\frac{\varphi}{[\alpha]d}=\frac{1.23}{20.5\times1.2}=0.05\mathrm{g}\cdot\mathrm{cm}^{-3}$$

13-36　将 14.5g 的蔗糖溶于水，得到 $60\mathrm{cm}^3$ 的溶液，在管长为 15cm 的量糖计中测得钠光振动面旋转角为向右 16.8°，已知 $[\alpha]=66.5°\cdot\mathrm{cm}^3\cdot\mathrm{dm}^{-1}\cdot\mathrm{g}^{-1}$. 问蔗糖样品中有多少非旋光杂质?

解　由 $\varphi=[\alpha]cd$，得纯蔗糖的浓度为

$$c=\frac{\varphi}{[\alpha]d}=\frac{16.8}{66.5\times1.5}\mathrm{g}\cdot\mathrm{cm}^{-3}=0.168\mathrm{g}\cdot\mathrm{cm}^{-3}$$

所以纯蔗糖的质量为 $m_0=cV=10.1\mathrm{g}$,杂质的质量为 $m'=m-m_0=4.4\mathrm{g}$.

第 14 章　光的吸收、散射和色散

14.1　重点与难点

重点内容

1. 光的吸收

（1）一般吸收与选择吸收的概念．

（2）朗伯定律 $I = I_0 e^{-\alpha x}$.

2. 光的色散

（1）正常色散 $\frac{dn}{d\lambda} < 0$，经验公式：$n = A + \frac{B}{\lambda^2} + \frac{C}{\lambda^4}$.

（2）反常色散 $\frac{dn}{d\lambda} > 0$.

3. 光的散射

（1）散射现象的特点及分类．

（2）瑞利散射 $I \propto \frac{1}{\lambda^4}$.

（3）拉曼散射的概念．

难点分析

反常色散与光的选择吸收有关，它们都对应于共同的频率范围．从经典电磁理论看来，一般吸收可以归因于介质的电导率，而选择吸收和色散可以用介质中电子的受迫振动模型来解释．

14.2　习题解答

14-1　玻璃的吸收系数为 10^{-2}cm^{-1}，空气的吸收系数为 10^{-5}cm^{-1}．问 1cm 厚的玻璃所吸收的光相当于多少厚度的空气层所吸收的光?

解 由公式 $I=I_0\mathrm{e}^{-\alpha l}$，且根据题意有

$$I_0(1-\mathrm{e}^{-\alpha_1 l_1})=I_0(1-\mathrm{e}^{-\alpha_2 l_2})$$

从上式解得

$$l_1=\frac{\alpha_2}{\alpha_1}l_2=1.0\times10^3\mathrm{cm}=10\mathrm{m}$$

14-2 某金属的吸收系数为 $1.0\times10^4\mathrm{cm}^{-1}$. 问它的厚度为多少时能透过 50% 的光?

解 由公式 $I=I_0\mathrm{e}^{-\alpha l}$，得

$$l=-\frac{\ln\frac{I}{I_0}}{\alpha}=6.9\times10^{-5}\mathrm{cm}$$

14-3 某种浓度为 0.01g/100ml 的溶液盛在一透明容器中，测得在 550nm 波长处的光密度$\left(\text{即}\ln\frac{I}{I_0}\right)$值为 0.23，现有另一未知浓度的同种溶液，仍用上面的容器测得在同一波长处的光密度值为 0.58. 试求这种溶液的浓度.

解 由 $I=I_0\mathrm{e}^{-Acl}$得

$$\ln\frac{I_0}{I_1}=Ac_1l \qquad ①$$

浓度 c_2 未知的溶液的光密度为

$$\ln\frac{I_0}{I_2}=Ac_2l \qquad ②$$

比较式①与式②，可得

$$c_2=\frac{\ln\frac{I_0}{I_2}}{\ln\frac{I_0}{I_1}}c_1=0.025\mathrm{g/100ml}$$

14-4 红光透过 15m 深的海水后，其光强减弱到原来的 1/4，试求海水对红光的吸收系数以及光强减弱到原来的 1% 时透过海水的深度.

解 根据 $I=I_0\mathrm{e}^{-\alpha l}$，有

$$\alpha=\frac{\ln\frac{I_0}{I}}{l}=9.24\times10^{-2}\mathrm{m}^{-1}$$

利用上述结果，有

$$l' = \frac{\ln \frac{I_0}{I'}}{\alpha} = 49.8\mathrm{m}$$

14-5 一个长 30cm 的管子中有含烟气体，它能透过 50% 的光，将烟粒完全去除后，则能透过 92% 的光．忽略气体对光的散射及烟粒对光的吸收，试计算含烟气体的吸收系数和散射系数．

解 设气体对光的吸收系数为 α_a，烟粒对光的散射系数为 α_s，则由 $I = I_0 e^{-\alpha_a l}$ 可得

$$\alpha_a = \frac{\ln \frac{I_0}{I}}{l} = 0.278\mathrm{m}^{-1}$$

考虑到烟粒的散射作用后，由 $I' = I_0 e^{-(\alpha_a + \alpha_s) l}$，得

$$\alpha_s = \frac{\ln \frac{I_0}{I'}}{l} - \alpha_a = 2.03\mathrm{m}^{-1}$$

14-6 设白光中波长为 600nm 的红光和波长为 450nm 的蓝光强度相同，试问在瑞利散射的散射光中两者的强度比例是多少？

解 因为瑞利散射的光强与波长的 4 次方成反比，故

$$\frac{I_{红}}{I_{蓝}} = \left(\frac{\lambda_{蓝}}{\lambda_{红}}\right)^4 = 0.316$$

14-7 一块光学玻璃对 Hg 灯蓝、绿光 $\lambda_1 = 435.8\mathrm{nm}$ 和 $\lambda_2 = 546.1\mathrm{nm}$ 的折射率分别为 $n_1 = 1.652\ 50$ 和 $n_2 = 1.624\ 50$，试用柯西公式 $n = A + \frac{B}{\lambda^2}$ 计算这种玻璃对钠黄线 $\lambda_3 = 589.3\mathrm{nm}$ 的折射率 n_3 及 $\mathrm{d}n_3/\mathrm{d}\lambda$.

解 将蓝、绿光的波长代入柯西公式中，得方程组

$$\begin{cases} n_1 = A + \dfrac{B}{\lambda_1^2} \\ n_2 = A + \dfrac{B}{\lambda_2^2} \end{cases}$$

解此方程组，可得

$$A = \frac{n_1\lambda_1^2 - n_2\lambda_2^2}{\lambda_1^2 - \lambda_2^2} = 1.575\ 40$$

$$B = \frac{\lambda_2^2\lambda_1^2(n_1 - n_2)}{\lambda_2^2 - \lambda_1^2} = 146\ 43\mathrm{nm}^2$$

将 A、B 的数值代入柯西公式，得这种玻璃对钠黄线的折射率

$$n_3 = A + \frac{B}{\lambda_3^2} = 1.617\ 56$$

色散率为

$$\frac{dn_3}{d\lambda} = -\frac{2B}{\lambda_3^3} = -1.431 \times 10^{-4} nm^{-1}$$

第 15 章　量子物理基础

15.1　重点与难点

重点内容

1. 黑体辐射

（1）黑体、辐射出射度与单色辐出度的概念.

（2）斯特藩定律 $\Phi(T)=\sigma T^4$.

（3）维恩位移定律 $\lambda_m T=b$.

（4）普朗克公式 $M_\lambda(T)\,\mathrm{d}\lambda=\dfrac{2\pi hc^2}{\lambda^5}\dfrac{\mathrm{d}\lambda}{\mathrm{e}^{hc/\lambda kT}-1}$.

2. 光电效应

（1）光电效应的实验规律.

（2）爱因斯坦方程 $h\nu=A+\dfrac{1}{2}mv^2$，对光电效应的解释.

3. 波粒二象性

（1）光子：能量 $\varepsilon=h\nu=\hbar\omega$，动量 $p=\dfrac{h}{\lambda}=\hbar k$，$k=\dfrac{2\pi}{\lambda}$ 为波数.

（2）实物粒子的波动性，德布罗意假设：$\lambda=\dfrac{h}{p}$.

4. 不确定性关系

$$\Delta p\Delta x\geqslant\frac{\hbar}{2}$$

$$\Delta E\Delta t\geqslant\frac{\hbar}{2}$$

5. 波函数的统计意义及条件

6. 薛定谔方程

（1）含时薛定谔方程

$$i\hbar\frac{\partial}{\partial t}\Psi(\boldsymbol{r},t)=-\frac{\hbar^2}{2m}\nabla^2\Psi(\boldsymbol{r},t)+V(\boldsymbol{r},t)\Psi(\boldsymbol{r},t)$$

（2）定态薛定谔方程

如果势能函数 V 中不含时间，则可以对含时薛定谔方程分离变量，从而得到定态薛定谔方程

$$-\frac{\hbar^2}{2m}\nabla^2\psi(\boldsymbol{r})+V(\boldsymbol{r})\psi(\boldsymbol{r})=E\psi(\boldsymbol{r})$$

一维定态薛定谔方程

$$-\frac{\hbar^2}{2m}\frac{\mathrm{d}^2}{\mathrm{d}x^2}\psi(x)+V(x)\psi(x)=E\psi(x)$$

7. 一维无限深势阱

（1）能级 $E_n=\dfrac{n^2\pi^2\hbar^2}{2ma^2}$.

（2）波函数 $\psi(x)=\begin{cases}\sqrt{\dfrac{2}{a}}\sin\dfrac{n\pi x}{a},0\leqslant x\leqslant a\\0,x<0,x>a\end{cases}$

8. 氢原子

（1）能级 $E_n=-\dfrac{me^4}{(4\pi\varepsilon_0)^2\hbar^2}\dfrac{1}{2n^2}$.

（2）空间波函数（不含自旋）

$$\psi(r,\theta,\phi)=R_{nl}(r)\Theta_{lm}(\theta)\Phi_m(\phi)$$

其中 $l=0,\ 1,\ 2,\ \cdots n-1,\ m=0,\ \pm1,\ \pm2,\ \cdots$.

（3）轨道角动量 $L=\sqrt{l(l+1)}\hbar,L_z=m\hbar$.

（4）自旋角动量

$$S=\sqrt{s(s+1)}\hbar=\frac{\sqrt{3}}{2}\hbar,S_z=m_s\hbar,s=\frac{1}{2},m_s=\pm\frac{1}{2}$$

（5）原子状态由一组量子数（n，l，m，m_s）惟一确定. 给定一个 n 值，有 n 个可能的 l 取值；给定一个 l 值，有 $2l+1$ 个可能的 m 取值；独立于 n、l、m 之外，又有 2 个 m_s 取值. 因此，无外场且不考虑相对论时，氢原子的能级简并度为 $2n^2$.

难点分析

在经典力学中，粒子的状态由其动量与坐标同时确定，可以同时获取一个经

典粒子的位置与速度的信息，也就是说，经典粒子的运动有确定的轨道，我们可以“跟踪”一个经典粒子. 但在量子力学中，不确定性关系彻底否定了粒子轨道的概念，我们不能同时获取粒子动量与坐标的信息，因此对粒子状态的描述发生了根本的变化. 量子力学是用波函数来描述粒子的状态的，而波函数的模平方具有统计意义，这时只能用概率的语言来描述粒子的空间位置. 一些经典的物理图像不再适用于量子物理学，希望读者不要用经典的图像思考量子物理的问题.

量子力学认为所有物质都有波动性，量子力学也可以称为波动力学. 抓住量子力学“波动”的特点，可以帮助初学者对量子物理学知识有一个较快的了解.

本章解薛定谔方程的过程是最难的部分. 读者应从解方程的过程中如何结合波函数的条件对一些物理量（如能量）完成量子化手续入手，逐步体会量子物理学处理实际问题的方式.

15.2 习题解答

15-1 设用某种光测高温计测得从一个炉子的小孔射出的辐射通量为 22. 8W · cm^{-2}，计算炉子的内部温度.

解 由斯特藩定律 $\Phi=\sigma T^4$ 得炉子的内部温度

$$T=\left(\frac{\Phi}{\sigma}\right)^4=1\ 416\text{K}$$

15-2 热核爆炸中火球的瞬时温度达 10^7K，求辐射最强的波长. 这种波长的能量子 $h\nu$ 是多少?

解 根据维恩位移定律 $\lambda_m T=b$ 可得辐射最强的波长

$$\lambda_m=\frac{b}{T}=2.898\times10^{-10}\text{m}$$

对应光子的能量为

$$\varepsilon=\frac{hc}{\lambda_m}=6.86\times10^{-16}\text{J}=4.287\text{keV}$$

15-3 地球表面每平方厘米每分钟由于辐射而损失的能量平均值为 0. 13cal[㊀]，问如有一个黑体，则它在辐射相同能量时，温度为多少?

解 根据斯特藩-玻耳兹曼定律 $\Phi=\sigma T^4$，得黑体的温度

$$T=\left(\frac{\Phi}{\sigma}\right)^{1/4}=200\text{K}$$

㊀ cal 为非法定计量单位，1cal = 4. 1868J。

15-4　由交流电供电的灯丝温度是在变动着的，一电灯用交流电供电时，钨丝的平均温度（白炽时）为 2 300K，其最高与最低温度之差为 80K，问辐射的总功率的最大值和最小值之比为多少？钨丝的辐射可当作黑体辐射．

解　由题意，最高温度为 $T_{max}=2\ 340\text{K}$，最低温度为 $T_{min}=2\ 260\text{K}$. 根据斯特藩-玻耳兹曼定律可以得出，总辐射功率与温度的 4 次方成正比，则

$$\frac{P_{max}}{P_{min}}=\left(\frac{T_{max}}{T_{min}}\right)^4=1.149$$

15-5　计算下列各种光子的能量，分别用焦耳和电子伏特为单位：无线电短波 $\lambda=10\text{cm}$；红外光 $\lambda=1\times10^{-3}\text{cm}$；可见光 $\lambda=500\text{nm}$；紫外光 $\lambda=50\text{nm}$；伦琴射线 $\lambda=0.1\text{nm}$.

解　一定波长 λ 单色光子的能量为 $\varepsilon=\dfrac{hc}{\lambda}$. 由此式可计算出各种波长光子的能量．

无线电短波 $\varepsilon=1.99\times10^{-24}\text{J}=1.24\times10^{-5}\text{eV}$；

红外光 $\varepsilon=1.99\times10^{-20}\text{J}=0.124\text{eV}$；

可见光 $\varepsilon=3.98\times10^{-19}\text{J}=2.49\text{eV}$；

紫外光 $\varepsilon=3.98\times10^{-18}\text{J}=24.9\text{eV}$；

伦琴射线 $\varepsilon=1.99\times10^{-15}\text{J}=1.24\times10^{4}\text{eV}$.

15-6　在理想条件下，正常人的眼睛接收到 550nm 的可见光时，每秒光子数达 100 个时就有光的感觉，问与此相当的功率是多少？

解　与此相当的功率为

$$nh\nu=\frac{nhc}{\lambda}=3.62\times10^{-17}\text{W}$$

15-7　太阳光以 1 340W · m^{-2}的辐射率照到垂直于入射光线的地球表面上，假如入射光的平均波长为 550nm，求每秒每平方米上的光子数．

解　波长为 550nm 的光子能量为

$$\varepsilon=\frac{hc}{\lambda}=3.62\times10^{-19}\text{J}$$

每秒每平方米上的光子数为

$$\frac{1\ 340}{3.62\times10^{-19}}=3.71\times10^{21}\text{个}$$

15-8　从钠中取去一个电子所需的能量为 2.3eV，钠是否会对 $\lambda=680\text{nm}$ 的橙黄色光表现光电效应？从钠表面光电发射的截止波长是多少？

解　钠的截止波长为

$$\lambda_0 = \frac{hc}{A} = 540\text{nm}$$

所以波长为 $\lambda = 680\text{nm}$ 的橙黄色不足以使钠产生光电效应.

15-9　波长为300nm的光子打在一个逸出功为2.0eV的金属表面上，试求射出的最大光电子速度.

解　根据爱因斯坦方程 $h\nu = A + \frac{1}{2}mv_0^2$，有

$$\frac{1}{2}mv_0^2 = \frac{hc}{\lambda} - A$$

$$v_0 = \sqrt{\frac{2}{m}\left(\frac{hc}{\lambda} - A\right)} = 8.67 \times 10^5 \text{m} \cdot \text{s}^{-1}$$

15-10　波长为400nm的单色光照射光电池，其阴极表面为铯，要使光电流完全停止，至少应加多少伏的截止电压？已知铯的逸出功为0.7eV.

解　由爱因斯坦方程 $h\nu = A + \frac{1}{2}mv_0^2$，得

$$eU_{\text{a}} = \frac{1}{2}mv_0^2 = \frac{hc}{\lambda} - A = 3.85 \times 10^{-19}\text{J} = 2.41\text{eV}$$

所以截止电压为2.41V.

15-11　设有波长 $\lambda_0 = 0.10\text{nm}$ 的X射线的光子与自由电子作弹性碰撞，散射的X射线的散射角为 $\theta = 90°$.（1）求散射波长的改变量 $\Delta\lambda$；（2）求反冲电子的动能；（3）问碰撞中，光子的能量损失了多少？

解　（1）根据 $\Delta\lambda = 2\lambda_{\text{C}}\sin^2\frac{\theta}{2}$，得散射波长的改变量

$$\Delta\lambda = 2\lambda_{\text{C}}\sin^2 45° = \lambda_{\text{C}} = 0.002\ 43\text{nm}$$

（2）由碰撞前后的能量守恒，有

$$\frac{hc}{\lambda_0} + m_0c^2 = \frac{hc}{\lambda_0 + \Delta\lambda} + mc^2$$

于是，反冲电子的动能

$$E_{\text{k}} = mc^2 - m_0c^2 = \frac{hc}{\lambda_0} - \frac{hc}{\lambda_0 + \Delta\lambda} = 4.72 \times 10^{-17}\text{J} = 295\text{eV}$$

（3）根据前面的计算结果，光子能量损失了

$$\Delta\varepsilon = \frac{hc}{\lambda_0} - \frac{hc}{\lambda_0 + \Delta\lambda} = 4.72 \times 10^{-17}\text{J} = 295\text{eV}$$

15-12　一个 0.15kg 的垒球以 $25\text{m} \cdot \text{s}^{-1}$的速度运动，计算其波长，把这个波长同一个速度为 $10^3\text{m} \cdot \text{s}^{-1}$的氢原子（$m = 1.673 \times 10^{-27}\text{kg}$）的波长比较.

解　由德布罗意假设，垒球的波长为

$$\lambda = \frac{h}{mv} = 1.768 \times 10^{-34}\text{m}$$

同理可得氢原子的波长为 $\lambda' = 3.963 \times 10^{-10}\text{m}$，二者之比为 $\lambda/\lambda' = 4.461 \times 10^{-25}$，显见，前者的波长远小于氢原子的波长.

15-13　彩色电视显像管内对电子束进行加速的电压为 $2 \times 10^4\text{V}$，试求电子的德布罗意波长.

解　由德布罗意假设

$$\lambda = \frac{h}{mv}$$

以及

$$eU = \frac{1}{2}mv^2$$

将以上二式联立，可解得电子的德布罗意波长

$$\lambda = \frac{h}{\sqrt{2meU}} = 8.68 \times 10^{-12}\text{m}$$

15-14　岩盐晶体的空间格子常量 $d = 0.28\text{nm}$，问中子的速度应该多大才能与法线成 20°的方向有衍射第 1 级，中子的质量为 $1.67 \times 10^{-27}\text{kg}$.

解　中子的德布罗意波长为

$$\lambda = \frac{h}{mv} \qquad ①$$

再根据晶体衍射的布拉格公式，有

$$2d\sin\phi = k\lambda, \phi = 70°, k = 1 \qquad ②$$

将式②代入式①，解得中子的速度为

$$v = \frac{h}{2md\sin\phi} = 754\text{m} \cdot \text{s}^{-1}$$

15-15　氢原子基态电子的速度大约是 $10^8\text{cm} \cdot \text{s}^{-1}$，电子位置的不确定量可按原子大小来估计，即 $\Delta x \approx 10^{-8}\text{cm}$. 求电子速度的不确定量.

解　由不确定关系式 $\Delta p \Delta x \geqslant \hbar/2$，得电子速度的不确定量

$$\Delta v \geqslant \frac{\hbar}{2m\Delta x} = 5.76 \times 10^5\text{m} \cdot \text{s}^{-1}$$

15-16　在阴极射线管中，电子的速度 $v_x=10^8\mathrm{cm}\cdot\mathrm{s}^{-1}$，其测量精度为千分之一．求电子位置的不确定度．

解　由不确定关系式 $\Delta p_x\Delta x\geqslant\hbar/2$，得电子位置的不确定度

$$\Delta x\geqslant\frac{\hbar}{2m\Delta v_x}=5.76\times10^{-8}\mathrm{m}$$

15-17　在宽度为 a 的一维深势阱中，当 $n=1$，2，3 和∞时，问从阱壁起到 $a/3$ 以内粒子出现的概率有多大?

解　$n=1$ 时，在 $x=0$ 到 $x=\frac{a}{3}$之间找到粒子的概率为

$$\int_0^{a/3}|\psi_1|^2\mathrm{d}x=\int_0^{a/3}\frac{2}{a}\sin^2\frac{\pi x}{a}\mathrm{d}x=\frac{-3\sqrt{3}+4\pi}{12\pi}\approx0.1955$$

$n=2$ 时，在 $x=0$ 到 $x=\frac{a}{3}$之间找到粒子的概率为

$$\int_0^{a/3}|\psi_2|^2\mathrm{d}x=\int_0^{a/3}\frac{2}{a}\sin^2\frac{2\pi x}{a}\mathrm{d}x=\frac{3\sqrt{3}+8\pi}{24\pi}\approx0.4022$$

$n=3$ 时，在 $x=0$ 到 $x=\frac{a}{3}$之间找到粒子的概率为

$$\int_0^{a/3}|\psi_3|^2\mathrm{d}x=\int_0^{a/3}\frac{2}{a}\sin^2\frac{3\pi x}{a}\mathrm{d}x=\frac{1}{3}$$

$n=\infty$ 时，与经典力学相同，在 $x=0$ 到 $x=\frac{a}{3}$之间找到粒子的概率为 1/3.

15-18　试证氢原子绕核作轨道运动的电子的角动量 L 与磁矩 μ 的关系为 $\mu=-\frac{e}{2m}L$，式中 e 为电子的电荷量，m 为电子的质量，并证明 $\mu=-\sqrt{l(l+1)}\mu_B$，其中 $\mu_\mathrm{B}=\frac{eh}{4\pi m}$ 为玻尔磁子．

解　设电子在半径为 r 以圆周轨道上以速率 v 运动，则电子的轨道角动量为

$$L=rmv \qquad ①$$

电子轨道运动的磁矩为

$$\mu=IS=\frac{-e}{T}\pi r^2=\frac{-e}{2\pi r/v}\pi r^2=-\frac{1}{2}erv \qquad ②$$

比较式①与式②，得

$$\mu=-\frac{e}{2m}L \qquad ③$$

根据轨道角动量量子化条件，有

$$L=\sqrt{l(l+1)}\,\frac{h}{2\pi},l=0,1,2,\cdots(\text{角量子数})$$

将上式代入式③，有

$$\mu=-\frac{e}{2m}\sqrt{l(l+1)}\,\frac{h}{2\pi}=-\sqrt{l(l+1)}\,\mu_B$$

原题得证.

15-19　试作原子中 $l=4$ 的电子角动量 L 在磁场中空间量子化的图，并写出在磁场方向上的分量值.

解　$L=\sqrt{l(l+1)}\hbar=\sqrt{20}\,\hbar$，$L_z=m\hbar$，$m=0$，$\pm1$，$\pm2$，$\pm3$，$\pm4$. 角动量空间取向量子化如解图 15-19 所示.

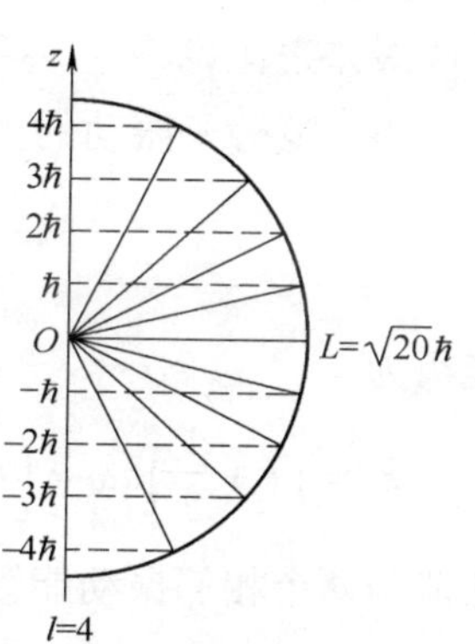

解图 15-19

15-20　氢原子处在基态时，它的电子径向波函数为 $R(r)=\frac{2}{a_0^{3/2}}e^{-r/a_0}$，其中 $a_0=\frac{4\pi\varepsilon_0\hbar^2}{me^2}$为玻尔半径. 求电子出现概率最大值的位置.

解　径向概率密度

$$P(r)=r^2R^2(r)=r^2\frac{4}{a_0^3}e^{-2r/a_0}$$

由 $dP(r)/dr=0$ 得

$$\frac{8}{a_0^4}r(a_0-r)e^{-2r/a_0}=0$$

解出 $r=0$、a_0、∞，它们对应的 $d^2P(r)/dr^2$ 分别为 $8/a_0^3>0$、$-8/(e^2a_0^3)<0$ 和 0. 所以电子出现概率最大值的位置为 $r=a_0$.

15-21　氢分子的两个原子核间距离为 0.106nm，试计算氢分子的转动惯量和能量最低的三个转动能级的能量. 若跃迁发生在相邻能级之间，求氢分子吸收谱线的波长. 氢原子质量为 1.67×10^{-27}kg.

解　记每个氢原子的质量为 m，原子间距为 r，则氢分子的转动惯量为

$$I=\mu r^2=\frac{1}{2}mr^2=9.38\times10^{-48}\text{kg}\cdot\text{m}^2$$

根据经典力学，转动能量为 $E=\frac{L^2}{2I}$，式中 L 为角动量. 角动量的量子化导致氢分子转动能量量子化，其能级表达式为

$$E_j=\frac{j(j+1)\hbar^2}{2I},j=0,1,2,\cdots$$

其中能量最低的三个能级的能量分别为

$$E_1=0, E_2=1.175\times10^{-21}\text{J}, E_3=3.526\times10^{-21}\text{J}$$

若跃迁发生在相邻能级之间，则由

$$\frac{hc}{\lambda}=E_{j+1}-E_j=\frac{j+1}{I}\hbar^2$$

得氢分子吸收谱线的波长

$$\lambda=\frac{4\pi^2cI}{(j+1)h}, j=0,1,2,\cdots$$

数值为1.68×10^{-4}m，8.38×10^{-5}m，5.59×10^{-5}m，…

15-22 氢分子作伸缩振动时，弹性常量为570N · m^{-1}. 对这个分子容许的振动能量是多少？氢分子在室温下的热能约为1/40eV. 试求热能与两个相邻振动能级差之比.

解 氢分子振动的固有角频率为

$$\omega=\sqrt{\frac{k}{\mu}}=8.26\times10^{14}\text{rad}\cdot\text{s}^{-1}$$

能级为

$$E_{\text{v}}=\left(v+\frac{1}{2}\right)\hbar\omega=\left(v+\frac{1}{2}\right)8.68\times10^{-20}\text{J}=\left(v+\frac{1}{2}\right)0.542\text{eV}, v=0,1,2,\cdots$$

热能与两个相邻振动能级差之比

$$\frac{E_{\text{th}}}{\Delta E_{\text{v}}}=\frac{E_{\text{th}}}{\hbar\omega}=0.0461$$

15-23 从氢原子的能级$E_n=-13.6/n^2$eV出发，求巴尔末系第三条谱线和莱曼系第四条谱线的波长.

解 由

$$\frac{hc}{\lambda}=E_n-E_{n'}$$

取$n=5$，$n'=2$得巴尔末系第三条谱线的波长

$$\lambda=\frac{hc}{E_5-E_2}=435\text{nm}$$

取$n=5$，$n'=1$得莱曼系第四条谱线的波长

$$\lambda=\frac{hc}{E_5-E_1}=95.2\text{nm}$$

第 16 章　激　　光

16.1　重点与难点

重点内容

1. 光与原子的相互作用，同时存在着三种过程：自发辐射、受激吸收和受激辐射.

2. 在热力学温度为 T 的热平衡温度下，在能级 E_n 上的粒子 $N_n \propto e^{-E_n/kT}$.

3. 光强 $I(x) = I_0 e^{Gx}$, G 为增益.

4. 光学谐振腔的作用：（1）光放大作用；（2）选频作用；（3）方向选择.

5. 激光的特性：高方向性、高单色性、高亮度、高相干性.

难点分析

作为一种新型光源，激光有着广泛的应用. 但是，由于不同的激光器有着不同的工作物质，所以其原理也不尽相同，每种激光器都有其各自的特点. 只有在充分了解不同激光器的特性之后，才能合理地利用它们. 比如，并不是所有的激光器都同时具备上述“四高”的特点. 一般说来，固体激光器的方向性好，亮度高，但其单色性一般；气体激光器具有高方向性、高单色性和高相干性的特点；而对半导体激光器来说，这四个特点均不明显.

16.2　习题解答

16-1　激光器工作物质上下两能级分别为 E_2 和 E_1，当原子在这两能级间跃迁时，所发射的光子的频率和波长为多少？若在这两能级处粒子的数密度分别为 n_2 和 n_1，温度为 300K，（1）当 $\nu = 300\text{MHz}$；（2）当 $\lambda = 1.00\mu\text{m}$，两能级处粒子数密度的比值各为多少？

解　发射光子的能量即为两能级之差，即 $h\nu = \dfrac{hc}{\lambda} = E_2 - E_1$，故频率和波长

分别为

$$\nu = \frac{E_2 - E_1}{h}, \lambda = \frac{hc}{E_2 - E_1}$$

根据玻耳兹曼能量分布

$$\frac{n_2}{n_1} = e^{-(E_2 - E_1)/kT} = e^{-h\nu/kT} = e^{-hc/\lambda kT}$$

代入已知数据，可得在题设（1）、（2）两种情况下，上下两能级粒子数之比 n_2/n_1 分别为 0.999 95 和 1.36×10^{-21}.

16-2 在 He-Ne 激光器中，形成的激光波长为 632.8nm. 若不计能量损失，问至少需要多大的抽运能量来激发 Ne 原子？（设 Ne 从基态到 3p 能级跃迁需要的能量为 18.8eV）

解 He-Ne 激光器发出的波长为 632.8nm 的光子是由 Ne 的 5s 能级向 3p 能级跃迁产生的，其能量为

$$E_1 = \frac{hc}{\lambda} = 3.14 \times 10^{-19}\text{J} = 1.96\text{eV}$$

而由基态到 3p 能级跃迁需要的能量为 $E_2 = 18.8\text{eV}$. 因此，从基态到 5s 能级激发一个 Ne 原子所需要的能量为

$$E = E_1 + E_2 = 21.94\text{eV}$$

16-3 设 Ar 离子激光器的输出波长为 488.0nm，它的谱线宽度为 $\Delta\nu = 4\,000\text{MHz}$. 试求其相干长度.

解 相干长度

$$l = \frac{c}{\Delta\nu} = \frac{3.0 \times 10^8\text{m}}{4\,000\text{MHz}} = 0.075\text{m}$$

16-4 设 Ar 离子激光器的输出波长为 488.0nm，输出功率为 2W，光束的截面直径为 2mm，求该光电场强度的振幅.

解 根据平均能流密度与电场强度振幅的关系

$$\overline{S} = \frac{1}{2}\sqrt{\frac{\varepsilon_0}{\mu_0}}E_0^2 = \frac{P}{\pi(d/2)^2}$$

可得

$$E_0 = \left(\frac{8P}{\pi d^2}\sqrt{\frac{\mu_0}{\varepsilon_0}}\right)^{1/2} = 2.19 \times 10^4\text{V} \cdot \text{m}^{-1}$$

第 17 章　狭义相对论基础

17.1　重点与难点

重点内容

1. 时间和空间的基本概念

若物体相对于观测者静止，则物体的长度是该物体两端点间的空间坐标的差值，所得长度为固有长度．若物体相对于观测者是运动的，则物体沿运动方向的长度必须在同一时刻测量其两端的坐标，两个坐标的间隔就是运动物体的长度．若两事件发生于相对于观测者静止的同一地点，这两个事件的时间间隔为固有时；但是，这两个事件对于相对运动的惯性系中的观测者而言是发生在不同地点的，其时间间隔大于固有时．

2. 狭义相对论基本假设

（1）相对性原理：物理定律在所有惯性系中都是相同的，具有相同的数学表达形式，对于描述一切物理现象的规律而言，所有惯性系都是等价的．

（2）光速不变原理：在所有惯性系中，真空中光沿各个方向传播的速率都等于同一个恒量，与光源和观察者的运动状态无关．

3. 相对论运动学

（1）洛仑兹坐标变换

$$\begin{cases} x' = \gamma(x - \beta ct) \\ y' = y \\ z' = z \\ t' = \gamma(t - \beta x/c) \end{cases}$$

式中

$$\beta = \frac{u}{c}, \quad \gamma = \frac{1}{\sqrt{1-\beta^2}}$$

（2）洛仑兹速度变换

$$\begin{cases} v_x' = \dfrac{v_x - u}{1 - \dfrac{u}{c^2} v_x} \\ v_y' = \dfrac{v_y}{\gamma\left(1 - \dfrac{u}{c^2} v_x\right)} \\ v_z' = \dfrac{v_z}{\gamma\left(1 - \dfrac{u}{c^2} v_x\right)} \end{cases}$$

（3）狭义相对论效应．①同时的相对性．在一个惯性系中不同地点发生的两个事件，在另一与之相对运动的惯性系中观察，并不同时．②长度收缩效应．如果以 l_0 表示固有长度，l 表示在相对运动的参考系中测得的长度，则总有 $l = l_0/\gamma < l_0$．③时间延缓效应．在某一惯性系中同一地点发生的两个事件的时间为 τ_0（固有时），在其他惯性系中测量得到的时间间隔为 $\tau = \gamma\tau_0 > \tau_0$．

4. 相对论动力学

（1）质速关系 $m = \dfrac{m_0}{\sqrt{1 - \left(\dfrac{v}{c}\right)^2}}$．

（2）动力学方程 $\boldsymbol{F} = \dfrac{\mathrm{d}(m\boldsymbol{v})}{\mathrm{d}t}$．

（3）质能关系 $E = mc^2$，$E_0 = m_0c^2$，$E_\mathrm{k} = mc^2 - m_0c^2$．

（4）能量动量关系 $E^2 = p^2c^2 + m_0^2c^4$．

难点分析

1. 本章的难点在于建立相对论的时空观念．长期以来，牛顿力学的经典时空观念在我们的脑海里已经根深蒂固，在有限的时间里建立相对论的时空观，就要求打破绝对的时间和空间的束缚，用时间与空间都是相对的观念武装我们的头脑．做习题时切忌未搞清概念而盲目套用公式．

2. 初学者往往容易混淆“长度”与“两个事件的空间间隔”，以及“一个事件从发生至结束经历的时间”与“两个事件的时间间隔”等概念，在涉及速度变换的问题中，将惯性系之间的相对运动速度与在某一参考系中物体的运动速度混淆．注意区分这些概念有助于找到正确的解题途径．

3. 相对论的动能为总能量与静能之差，即 $E_\mathrm{k} = mc^2 - m_0c^2$，初学者易把它写

成 $mv^2/2$ 或 $m_0v^2/2$. 另外，相对论动量为 $\boldsymbol{p}=m\boldsymbol{v}$，而非 $\boldsymbol{p}=m_0\boldsymbol{v}$. 求解相对论动力学问题时，牢牢掌握质速关系式是关键.

17.2　习题解答

17-1　在 S 系中观察到两个事件同时发生在 x 轴上，其间距离是 1m，在 S′系观察到这两个事件之间的空间距离是 2m，求在 S′系中这两个事件的时间间隔.

解　据题意，$\Delta x=1\text{m}$，$\Delta t=0$，$\Delta x'=2\text{m}$. 根据洛仑兹变换，有

$$\Delta x'=\gamma(\Delta x-\beta c\Delta t)=\gamma\Delta x=\frac{\Delta x}{\sqrt{1-\dfrac{u^2}{c^2}}}$$

从中解出

$$u=\sqrt{1-\frac{\Delta x^2}{\Delta x'^2}}\,c=\frac{\sqrt{3}}{2}c$$

再由

$$\Delta t'=\gamma\left(\Delta t-\frac{\beta\Delta x}{c}\right)$$

可得在 S′系中这两个事件的时间间隔

$$\Delta t'=-\frac{\gamma\beta\Delta x}{c}=-\frac{\sqrt{3}\Delta x'}{2c}=-5.77\times10^{-9}\text{s}$$

17-2　地面上 A、B 两点相距 100m，一短跑选手由 A 跑到 B 历时 10s，试问在与运动员同方向飞行速度为 0.6c 的飞船中观测，这选手由 A 到 B 跑了多少距离？经历了多长时间？速度的大小和方向如何？

解　由题意有

$$\beta=0.6,\gamma=\frac{1}{\sqrt{1-\beta^2}}=1.25$$

$$\Delta x'=\gamma(\Delta x-\beta c\Delta t)=1.25(100-0.6\times3.0\times10^8\times10)\text{m}=-2.25\times10^9\text{m}$$

$$\Delta t'=\gamma\left(\Delta t-\frac{\beta\Delta x}{c}\right)=1.25\left(10-\frac{0.6\times100}{3.0\times10^8}\right)\text{s}=12.5\text{s}$$

根据速度变换，得

$$v_x'=\frac{v_x-u}{1-\dfrac{\beta v_x}{c}}=\frac{10-0.6c}{1-\dfrac{0.6\times10}{c}}\approx-0.6c$$

其方向指向 x' 轴反方向.

17-3 一静止长度为 l_0 的火箭，以速率 u 对地飞行，现自其尾端发射一个光信号. 试根据洛仑兹变换计算，在地面系中观测，光信号自火箭尾端到前端所经历的位移、时间和速度.

解 取地面系为 S，火箭参考系为 S′，则 $\Delta x'=l_0$，$\Delta t'=l_0/c$. 位移

$$\Delta x=\gamma(\Delta x'+\beta c\Delta t')=\gamma(1+\beta)l_0$$

时间

$$\Delta t=\gamma\left(\Delta t'+\frac{\beta\Delta x'}{c}\right)=\frac{\gamma(1+\beta)l_0}{c}$$

速度为

$$v=\frac{\Delta x}{\Delta t}=c$$

17-4 一观察者沿运动方向测得一根米尺的长度为 0.8m，试问此尺以多大速度接近观察者?

解 根据长度收缩效应，有

$$l=\frac{l_0}{\gamma}=\frac{l_0}{\sqrt{1-\left(\frac{u}{c}\right)^2}}$$

由上式得尺接近观察者的速度

$$u=\sqrt{1-\frac{l^2}{l_0^2}}\,c=0.6c$$

17-5 在地面上测得两个飞船分别以 $+0.9c$ 和 $-0.9c$ 的速率向相反方向飞行，求两飞船的相对速率.

解 以地面为 S 系，以速率为 $+0.9c$ 的飞船为 S′系，由速度变换可得

$$v_x'=\frac{v_x-u}{1-\frac{\beta v_x}{c}}=\frac{-0.9c-0.9c}{1-\frac{0.9(-0.9c)}{c}}=-0.994c$$

即两飞船的相对速率为 $0.994c$.

17-6 如习题 17-6 图所示，观察者 o 和 o′分别与两个惯性系 S 和 S′相对静止，由式（17-8）的变换相联系. o 观测到一光线在 xy 平面内与 x 轴成 θ 角传播，求观察者 o′观测到该光线的传播方向与 x 轴所成的角度 θ'.

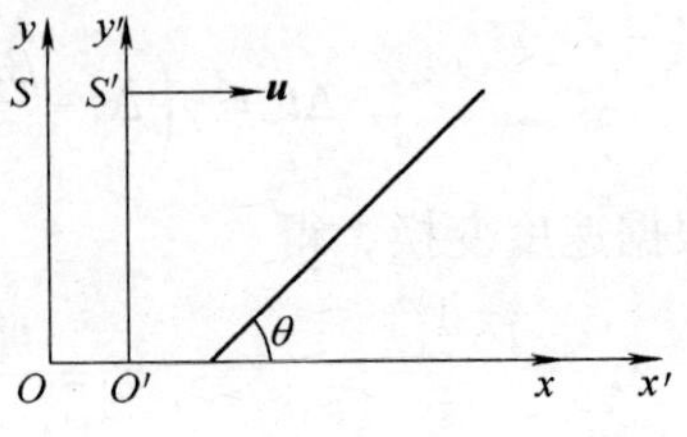

习题 17-6 图

解　由 $\tan\theta' = \dfrac{v_y'}{v_x'}$ 及相对论速度变换，有

$$\tan\theta' = \frac{v_y'}{v_x'} = \frac{\dfrac{v_y}{\gamma\left(1-\dfrac{\beta v_x}{c}\right)}}{\dfrac{v_x-u}{1-\dfrac{\beta v_x}{c}}} = \frac{1}{\gamma}\frac{v_y}{v_x-u} = \frac{1}{\gamma}\frac{\dfrac{v_y}{v_x}}{1-\dfrac{u}{v_x}}$$

将 $\dfrac{v_y}{v_x} = \tan\theta$，$v_x = c\cos\theta$ 代入上式，得

$$\tan\theta' = \frac{1}{\gamma}\frac{\tan\theta}{1-\dfrac{u}{c\cos\theta}} = \frac{1}{\gamma}\frac{\sin\theta}{\cos\theta-\beta}$$

所以

$$\theta' = \arctan\left[\frac{\sin\theta}{\gamma(\cos\theta-\beta)}\right]$$

17-7　将上题中的光线换成一根与 x 轴成 θ 角的刚性棒，重新计算 θ'.

解　因为运动方向长度收缩，所以

$$\tan\theta' = \frac{l\sin\theta}{\dfrac{l\cos\theta}{\gamma}} = r\tan\theta$$

$$\theta' = \arctan(\gamma\tan\theta)$$

17-8　一原子核以 0.5c 的速度离开一观察者运动．原子核在它运动方向上向前发射一电子，该电子相对于核有 0.8c 的速度；此原子核又向后发射了一光子指向观察者．对静止观察者来讲，（1）电子具有多大的速度；（2）光子具有多大的速度．

解　设观察者为 S 系，原子核为 S′系．

（1）由速度变换式，得

$$v_x = \frac{v_x'+u}{1+\dfrac{u}{c^2}v_x'} = \frac{0.8c+0.5c}{1+\dfrac{0.5c}{c^2}0.8c} = \frac{13}{14}c = 0.93c$$

（2）根据光速不变原理，光子相对于观察者的速度为 c.

17-9　当一静止体积为 V_0、静止质量为 m_0 的立方体沿其一棱以速率 v 运动时，计算其体积、质量和密度．

解 相对静止时，立方体的边长 $l_0 = \sqrt[3]{V_0}$，当立方体沿某一棱边方向运动时，该棱边长度为

$$l = l_0 \sqrt{1 - \frac{v^2}{c^2}}$$

而与此棱边垂直的棱边不受“长度收缩”效应的影响．所以体积

$$V = l_0^2 \sqrt{1 - \frac{v^2}{c^2}}\, l_0 = \sqrt{1 - \frac{v^2}{c^2}}\, V_0$$

利用相对论质速关系式，得立方体的运动质量为

$$m = \frac{m_0}{\sqrt{1 - \frac{v^2}{c^2}}}$$

密度

$$\rho = \frac{m}{V} = \frac{m_0}{V_0\left(1 - \frac{v^2}{c^2}\right)}$$

17-10 粒子具有多大的速率才能使其动能等于静能？

解 静止质量为 m_0 速率为 v 的粒子具有静能 m_0c^2，动能 $mc^2 - m_0c^2$，由质速关系式，依题意有

$$\frac{m_0}{\sqrt{1-\frac{v^2}{c^2}}} - m_0c^2 = m_0c^2$$

由上式得 $v = \frac{\sqrt{3}}{2}c$.

17-11 电子的静止质量为 9.1×10^{-31} kg. 当电子以 $0.99c$ 的速率运动时，(1) 电子的总能量是多少？(2) 电子的经典力学动能与相对论动能之比是多大？

解 (1) 根据相对论质能关系式，电子的总能量为

$$E = mc^2 = \frac{m_0}{\sqrt{1 - \left(\frac{v}{c}\right)^2}} c^2 = 5.8 \times 10^{-13}\,\text{J}$$

(2) 电子的动能为

$$E_k = E - m_0c^2 = 4.98 \times 10^{-13}\,\text{J}$$

按经典力学，有

$$E_k^c = \frac{1}{2}m_0v^2 = 4.01 \times 10^{-14}\text{J}$$

所以

$$\frac{E_k^c}{E_k} = 0.08$$

17-12　两个静止质量都是 m_0 的粒子，其中一个静止，另一个以 $0.8c$ 的速率运动，求它们完全非弹性正碰后形成的复合粒子的静止质量.

解　记 $v_1 = 0.8c$，设碰撞后复合粒子的速度为 v_2，静止质量为 m_{20}. 由动量守恒及总能量守恒，可以列出如下方程组：

$$\begin{cases} \dfrac{m_0v_1}{\sqrt{1-\left(\dfrac{v_1}{c}\right)^2}} = \dfrac{m_{20}v_2}{\sqrt{1-\left(\dfrac{v_2}{c}\right)^2}} \\ \dfrac{m_0c^2}{\sqrt{1-\left(\dfrac{v_1}{c}\right)^2}} + m_0c^2 = \dfrac{m_{20}c^2}{\sqrt{1-\left(\dfrac{v_2}{c}\right)^2}} \end{cases}$$

解方程组，可得

$$m_{20} = \sqrt{2}m_0\sqrt{1+\frac{1}{\sqrt{1-\left(\dfrac{v_1}{c}\right)^2}}}, v_2 = \frac{v_1}{1+\sqrt{1-\left(\dfrac{v_1}{c}\right)^2}}$$

将 $v_1 = 0.8c$ 代入上式，得 $m_{20} = \dfrac{4m_0}{\sqrt{3}} \approx 2.309m_0$.

17-13　一被加速器加速的电子，其能量为 3.00×10^9eV. 试问：(1) 这个电子的质量是其静质量的多少倍？(2) 这个电子的速率为多少？

解　(1) 由质能关系式

$$E = mc^2, E_0 = m_0c^2$$

得

$$\frac{m}{m_0} = \frac{E}{E_0} = \frac{3.00 \times 10^9}{0.512 \times 10^6} = 5.86 \times 10^3$$

(2) 由质速关系式 $m = m_0/\sqrt{1-v^2/c^2}$，可得

$$v = \sqrt{1-\frac{m_0^2}{m^2}}\,c = 0.999\,999\,985c$$

17-14　有一 π^+ 介子，在静止下来后衰变为 μ^+ 子和中微子 ν，三者的静止质量分别为 m_π、m_μ 和 0. 求 μ^+ 子和中微子的动能.

解　设 μ^+ 子速度为 v_μ，中微子的动量为 p，则根据能量动量关系，中微子的能量只有动能，为 pc. 由能量守恒，得

$$m_\pi c^2 = pc + \frac{m_\mu c^2}{\sqrt{1-\frac{v_\mu^2}{c^2}}} \qquad ①$$

再由动量守恒，有

$$p = \frac{m_\mu v_\mu}{\sqrt{1-\frac{v_\mu^2}{c^2}}} \qquad ②$$

联立式①与式②可解

$$v_\mu = \frac{m_\pi^2 - m_\mu^2}{m_\pi^2 + m_\mu^2}c$$

于是，μ^+ 子和中微子的动能分别为

$$E_{k\mu} = \frac{m_\mu c^2}{\sqrt{1-\frac{v_\mu^2}{c^2}}} - m_\mu c^2 = \frac{(m_\pi - m_\mu)^2 c^2}{2m_\pi}$$

$$E_{k\nu} = pc = \frac{m_\mu v_\mu c}{\sqrt{1-\frac{v_\mu^2}{c^2}}} = \frac{(m_\pi^2 - m_\mu^2)c^2}{2m_\pi}$$

17-15　一束具有能量为 $h\nu_0$、动量为 $\frac{h\nu_0}{c}$ 的光子流，与一个静止的电子作弹性碰撞，散射光子的能量为 $h\nu$，动量为 $\frac{h\nu}{c}$. 试证光子的散射角 ϕ 满足下式：

$$\frac{c}{\nu} - \frac{c}{\nu_0} = \frac{h}{m_0 c}(1-\cos\phi)$$

式中，m_0 为电子的静止质量；h 为普朗克常量 .

解　题给碰撞过程如解图 17-15 所示 .

根据能量守恒，有

$$h\nu_0 + m_0 c^2 = h\nu + mc^2$$

或

$$h(\nu_0 - \nu) + m_0 c^2 = mc^2 \qquad ①$$

再由动量守恒，有

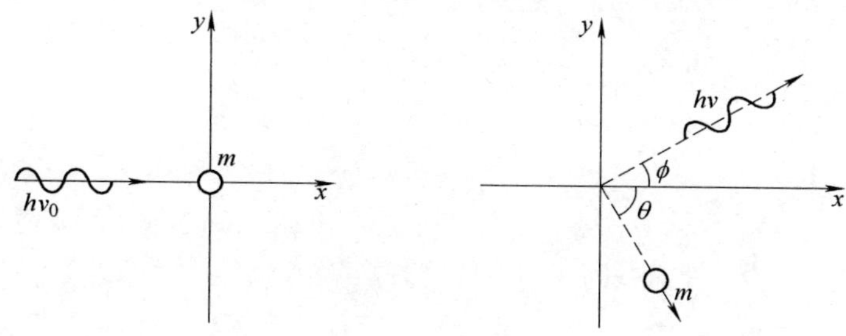

解图 17-15

$$\boldsymbol{p}_0 = \boldsymbol{p} + \boldsymbol{p}_e$$

式中各量的大小为 $p_e = mv$，$p_0 = \dfrac{h\nu_0}{c}$，$p = \dfrac{h\nu}{c}$. 由余弦定理，有

$$(mv)^2 = \left(\frac{h\nu_0}{c}\right)^2 + \left(\frac{h\nu}{c}\right)^2 - 2\frac{h\nu_0}{c}\frac{h\nu}{c}\cos\phi$$

经整理，得

$$m^2v^2c^2 = h^2\nu_0^2 + h^2\nu^2 - 2h^2\nu_0\nu\cos\phi \qquad ②$$

式①平方后减去式②得

$$m^2c^4\left(1 - \frac{v^2}{c^2}\right) = m_0^2c^4 - 2h^2\nu_0\nu(1 - \cos\phi) + 2m_0c^2h(\nu_0 - \nu) \qquad ③$$

将

$$m = \frac{m_0}{\sqrt{1 - \dfrac{v^2}{c^2}}}$$

代入式③，得

$$m_0c^2(\nu_0 - \nu) = h\nu\nu_0(1 - \cos\phi)$$

上式两边同除以 $m_0c\nu\nu_0$，得

$$\frac{c}{\nu} - \frac{c}{\nu_0} = \frac{h}{m_0c}(1 - \cos\phi)$$

原题得证.